张鲁归 编著

栽培与欣赏

上海科学技术出版社

图书在版编目（CIP）数据

多肉植物栽培与欣赏／张鲁归编著．—上海：上海科学技术出版社，2015.8

ISBN 978-7-5478-2750-5

Ⅰ.①多…　Ⅱ.①张…　Ⅲ.①多浆植物－观赏园艺　Ⅳ.①S682.33

中国版本图书馆 CIP 数据核字（2015）第 170834 号

多肉植物栽培与欣赏

张鲁归　编著

上海世纪出版股份有限公司
上 海 科 学 技 术 出 版 社　出版
（上海钦州南路 71 号　邮政编码 200235）
上海世纪出版股份有限公司发行中心发行
200001　上海福建中路 193 号　www.ewen.co
上海中华商务联合印刷有限公司印刷
开本 889×1194　1/32　印张 5
字数：120 千字
2015 年 8 月第 1 版　2015 年 8 月第 1 次印刷
ISBN 978-7-5478-2750-5/S·104
定价：28.00 元

内容提要

多肉植物种类繁多，生长习性各不相同，因而在栽养时常给爱好者带来很多困惑，甚至导致栽养失败。本书采用图文并茂的形式介绍了多肉植物的欣赏特点、习性分类、不同习性分类多肉植物的四季养护、多肉植物合栽等，并选择了 60 种目前市场上比较流行的多肉植物，介绍每种多肉植物的欣赏、习性分类和四季养护，可帮助读者了解和掌握这些多肉植物的生长特点和栽培方法，从而享受栽养多肉植物带来的快乐和趣味。

前　言

多肉植物深得花卉爱好者喜爱和推崇的原因，一是种类丰富，形态奇异；二是大多种类小巧玲珑，不占面积，适宜居室和办公室等空间有限处栽养；三是养护比较简易，即使几天不浇水也不会干死，有“懒人花卉”之称；四是繁殖十分容易，一片叶、一个茎节都可作繁殖材料，只要温度合适、稍有湿度，大多容易成活。

目前，栽养多肉植物已成为一种时尚，花卉爱好者更是乐此不疲地徜徉于多肉植物中，纷纷购买进行莳养。但选择什么种类，又如何莳养呢? 这些问题就促成了编者编写出版本书。

编者曾栽养多肉植物多年，虽以后工作重心转至其他绿化方面，但仍甚为关注多肉植物的发展动态，也收集了不少资料，这次编写的《多肉植物栽培与欣赏》仅为其中的一部分，希望能给多肉植物爱好者些许参考和帮助。

由于编者学历浅薄、学识不济，书中谬误之处在所难免，祈望读者批评指正。

编著者

2015 年 5 月

目 录

一、多肉植物的欣赏

在植物的根、茎、叶中，凡其中的一种或两种器官具发达、可贮藏水分的薄壁细胞组织，且外形上呈现肥厚多汁特征的植物种类，被称为多肉植物或多浆花卉。全世界的多肉植物有 1 万多种，它们在植物分类上隶属于几十个科，其中以仙人掌科最为繁多，形态也更加特殊，所以园艺上常把其单列为仙人掌类，而其他科的仍称为多肉植物。

多肉植物根据肉质化部位的不同，可分为叶多肉植物、茎多肉植物和茎干状多肉植物，其观赏特性如下。

1. 美妙别致的株形

多肉植物外形上肥厚多汁，形态奇特别致。如五十铃玉，肉质棍棒状叶片密集成丛，几乎垂直向上生长；子持年华，叶腋间向四周放射状长出许多小株，犹如天女散花；纪之川，叶片排列十分整齐，整个植株犹似一座座小的方塔；松鼠尾，叶片紧密排列于茎上，像极了一条条松鼠的尾巴；卷绢，叶片顶部的白色短丝毛相互联结，如同织成的蛛丝网等。

纪之川

子持年华

松鼠尾

卷绢

2. 奇异有趣的根茎

（1）具有形状奇趣的茎干和膨大的茎根部

如非洲霸王树，圆柱形茎干十分粗壮，且上面密生长长的硬刺，仿佛是古代兵器“狼牙棒”；白桦麒麟，肉质茎上残留的花梗似刺，别致有趣。茎根部膨大的多肉植物如人参大戟，其茎基部膨大如薯，是块茎状多肉植物的代表性种类。

非洲霸王树

人参大戟

白桦麒麟

（2）茎部有美丽的斑锦变化

有些多肉植物的茎部有美丽的斑锦变化，出现红、黄、白、紫、橙等鲜艳颜色，使色彩十分丰富。如彩春峰，茎部具暗紫红、乳白、淡黄等色；白桦麒麟，茎色白中嵌绿，如同白桦树的树皮。

彩春峰

白桦麒麟

（3）茎部呈现奇特有趣的“缀化”

有些多肉植物由于分生组织细胞的反常发育，使茎部出现畸形扁化，这种状况通常被称为“缀化”或“冠”，其形十分奇特。如特玉莲缀化、麒麟掌的茎形如鸡冠，十分有趣。

特玉莲缀化

麒麟掌

3. 丰富多彩的叶片

（1）奇特而有趣的叶片

有些多肉植物具有奇特而有趣的叶片，如快刀乱麻，叶片先端开裂，极似一把把正在打开的剪刀；月兔耳，长长的叶片密布绒毛，犹如兔子的耳朵；熊童子，毛茸茸的叶片酷似小熊的脚掌等。有些多肉植物的叶片还有特殊的结构“疣”，如条纹十二卷的叶片上具横条状白色的疣状突起；天女的淡蓝绿色叶片上着生有淡红色或淡白色小疣等，颇有特点。

快刀乱麻

月兔耳

熊童子

条纹十二卷

天女

（2）美丽的叶色

很多多肉植物还具有美丽的叶色，如黑王子、黑法师的叶色为黑紫色；紫玉露在烈日曝晒时肉质叶呈淡紫色；火祭在冷凉而阳光充足时，叶缘红色或叶片的大部分变成红色，如同燃烧的熊熊火焰；吉娃娃碧绿的叶盘上被有浓厚的白粉，而在叶尖和叶缘呈红色，鲜艳而美丽；圆叶红司的叶背、叶缘和叶面均有红褐色的线条或斑纹，叶色十分鲜丽。

黑王子

黑法师

紫玉露　　火祭

吉娃娃　　圆叶红司

（3）叶片顶部具有透明的“窗”

奇趣的是，在寿和截形十二卷等多肉植物的叶片顶部还具有透明的“窗”，并在“窗”上分布不同形状的花纹，使整个植株精巧雅致，犹如碧玉雕就的工艺品。

寿

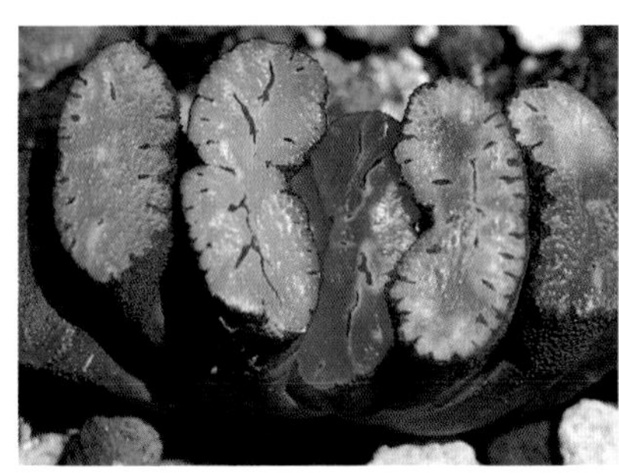

截形十二卷

（4）有美丽的斑锦变化

有些多肉植物的叶片上有美丽的斑锦变化，呈现美丽的斑块和条纹。如熊童子锦、玉露锦的叶片上有白色或黄色斑纹；火祭锦叶缘有白色斑纹；金边虎尾兰叶缘金黄色等。

熊童子锦

玉露锦

火祭锦

金边虎尾兰

4. 鲜艳绚丽的花朵

有些多肉植物不但形态有趣怪异，还能开出鲜艳美丽的花朵。如红提灯在开花时节，植株上开满一朵朵小花，酷似一盏盏红艳艳的小提灯，十分美丽可人；照波在夏季开出金黄色花朵，明亮而壮观；神刀在春天开出硕大的红色花序，鲜艳醒目，具有很高的观赏价值。

红提灯

神刀

照波

二、多肉植物的习性分类

多肉植物种类繁多，由于原产地的生长环境不同，形成了复杂而不同的生态习性。为了便于栽养，人们常根据多肉植物习性的不同，分为以下三个类型。

1. 冬型种多肉植物

冬型种多肉植物的生长期主要在气候较为凉爽的晚秋、冬季和早春。因不耐酷暑，夏季高温时植株进入休眠。但在栽培中，若冬季温度不能满足其生长的要求，植株也会呈现休眠的状态。

2. 夏型种多肉植物

夏型种多肉植物的生长期主要在入春天气转暖至秋季这一段较为温暖的时期。由于不耐寒，冬季寒冷时植株呈休眠状态。

3. 中间型多肉植物

中间型多肉植物喜温暖凉冷的气候，不耐寒，也忌高温天气，因而主要生长期在气温暖和的春、秋两季，夏季和冬季都处于休眠或半休眠状态。

三、不同习性分类多肉植物的四季养护

在气候上，春、夏、秋、冬四季采用候平均气温来划分。当气温升高，候平均气温（5 天的平均气温）达到 10℃以上时，认为春天开始了；当候平均气温超过 22℃时，开始进入夏季；当候平均气温降低至 22℃时，则进入秋季了；当候平均气温降低至 10℃以下时，称为入冬了。

多肉植物种类繁多，将多肉植物划分为冬型种、夏型种和中间型三个类型，只是为了方便初学者笼统了解和掌握多肉植物的习性。但每个类型中不同植物间的习性亦有较大差异，要真正养好多肉植物，还需在了解和熟悉其对生态环境要求的基础上给予恰当的养护管理。以下介绍 3 种类型的四季养护要点。

1. 冬型种多肉植物四季养护

- 随着气温的回暖，植株开始生长并进入旺盛生长期。由于初春常有寒流侵袭，因而天气冷暖多变，应通过开闭门窗来调节气温。如有冷空气侵袭而气温过低时，应关闭门窗保持温暖；天气转暖而温度高时则适当打开门窗通风。
- 春季应给予充足的阳光。按照“不干不浇，浇则浇透”的原则进行浇水，此时番杏科的生石花、肉锥花的生长比较缓慢，并处于“脱皮期”，因此对水分的要求不多，浇水不宜多；同时要控制空气湿度，空气过于湿润易引起植株腐烂。并根据不同种类的要求进行施肥，以促进生长。
- 4 月下旬后随着气温逐渐升高，植株的生长开始趋于缓慢，应停止施肥，并控制浇水。

夏季

- 高温天气，特别是闷热而昼夜温差小的环境，对冬型种多肉植物的生长非常不利。入夏随着温度的逐渐升高，植株生长趋缓并进入休眠，应进行遮阴，避免强烈阳光的直射，加强通风；节制浇水并避免雨淋，停止施肥，否则极易引起植株腐烂。

秋季

- 温度开始降低，随着温度的降低和昼夜温差的逐渐加大，植株开始恢复生长。
- 由于初秋的阳光仍然比较强烈，所以一般仍需进行遮阴。但生石花、肉锥花、对叶花等具有极端肉质叶片的种类，则需给予充足的阳光，以使植株生长健壮。
- 刚进入秋季，植株开始生长但生长速度缓慢，故对水肥的要求较低，只要稍浇些水即可。直到植株进入正常生长后再进行常规的肥水管理，但要避免浇水过多，以避免植株烂根。新栽的植株不要过多浇水，但可经常向植株喷水，以利于根系的恢复和新根的生长。
- 植株开始恢复生长时可对植株翻盆，翻盆时剪去腐烂、中空的老根，短剪过长的根系，以促发新根。

冬

- 在夜间维持 10℃左右、白天维持 20℃以上条件下，植株能保持正常的生长，这时应进行常规的肥水管理。浇水应掌握“不干不浇，浇则浇透”的原则，防止盆土过湿，否则易导致植株烂根；施肥要控制浓度。
- 如果不能达到夜间 10℃左右、白天 20℃以上的生长所需温度，则需控制水分，但不能完全停浇；同时停止施肥。

2. 夏型种多肉植物四季养护

春季

- 随着气温的升高，植株开始生长，并在 4 月后逐步进入生长旺盛期。初春需通过开闭门窗来调节室温，避免植株遭受寒害。至 3 月底植株开始生长时，宜进行翻盆。
- 整个春季，都应给予充足的光照，以利植株的生长。早春植株开始生长时应控制浇水，但应随着气温的升高和植株生长的加快逐步增加浇水的数量。当气温稳定在 20℃左右时，植株进入生长旺盛期，应进行正常的浇水。同时适当追施薄肥，施肥宜薄不宜浓。

夏季

- 此时植株普遍进入生长旺盛期，应给予适宜的光照。光照不足时植株易徒长并影响开花，缀化品种会“返祖”而长出原种的形态，观叶类植株株形松散、叶色暗淡；叶片呈红色或叶面上有白粉或彩色斑纹的种类，其白粉会减少，彩色斑纹褪淡变绿，观赏性变差。除普西莉菊、火祭等少数喜阳植物外，在高温而阳光强烈时，应进行遮阴，并在盆面上铺设白色或浅色的石子，同时加强通风和环境喷水等，以降低温度，避免灼伤植株。
- 浇水应在盆土干后进行，避免过湿和积水，置室外的盆株应在雨后及时倒去盆中的积水，以免引起烂根。盆土也不宜过干，过干虽不会导致植株死亡，但茎叶干瘪，生长受阻，并缺少生机。每月应追施 1 ~ 2 次肥料，以促进植株生长。

秋季

- 正值植株生长旺盛期，有些还能开出美丽的花朵。但到 10 月气温降低后，植株的生长开始减慢，直至完全停止。这个时期应给予充足的阳光，大多数种类可置于室外阳光充足处栽养，以使植株生长健壮，并保持株形美观和理想的观赏效果。幼苗则应避开强烈阳光曝晒，不然小苗会发红并影响生长，减缓生长速度。
- 浇水应掌握“干湿相间”，不让盆土过干或过湿，否则均不利于植株的生长；空气干燥时，应注意环境喷水。根据不同植物种类的要求进行施肥。10 月后植株逐渐进入休眠，要控制浇水，并停施肥料。

- 低温环境中植株处于休眠状态，越冬温度最好保持 5 ~ 10℃。在较低温度下，植株虽不一定会冻死（有的多肉植物甚至能忍耐 0℃左右的低温），但植株会受寒害，表面出现难看的黄斑，降低甚至丧失观赏价值。但越冬温度也不宜过高，温度过高会打破休眠期，不利于第二年的生长。
- 为使植株休眠，要严格控制浇水，有的种类甚至不要浇水；同时停止施肥。

3. 中间型多肉植物四季养护

- 春季是中间型多肉植物生长最为旺盛的时期，应根据气候变化情况，通过合理的通风调节气温，并给予充足的阳光。
- 浇水根据“干湿相间”的要求进行，以满足植株生长对水分的需求。需注意的是，浇水必须在盆土变干后进行，避免盆土过湿和积水。同时追施稀薄的液肥，促进植株生长。
- 3 月植株休眠即将结束并开始生长时，应进行翻盆。
- 适于室外生长的种类，可在春暖且气温稳定时搬至室外。但要防止长期淋雨导致盆土过湿和积水，盆土过湿和积水会引起植株腐烂。
- 春季易发生病虫危害，应及时预防和防治。
- 百合科的十二卷属、沙鱼掌属等多肉植物是喜空气湿润的种类，在空气过于干燥时会出现叶尖枯焦、叶片干瘪、叶色暗淡等症状，防治方法是：取透明无色的饮料瓶，剪去其上部后罩在植株上，可保持植株周围有较高的空气湿度，使植株色泽靓丽、充满生机。
- 春季是播种、扦插、分株和嫁接繁殖的好时机。开花植物可进行人工辅助授粉，以获得种子。晚秋或冬季开花的植物，种子在春季已成熟，应及时采收，以防散落。分株通常结合翻盆进行。嫁接宜在气温达到 20℃左右时进行。

- 夏季高温闷热和昼夜温差小，不利于中间型多肉植物的生长。中间型多肉植物通常在春夏之际尚能生长，但6月后生长转缓直至完全停止。
- 夏季应进行遮阴，避免强烈阳光的曝晒，但必须要有充足的散射光。
- 5～6月植株生长时，应进行正常的水分管理，并酌情浇些薄肥。6月下旬植株生长基本停止后，要控制浇水，保持盆土较为干燥的状态，同时停止施肥。百合科十二卷属、沙鱼掌属等植物喜较高的空气湿度，空气干燥时，可在早晚适当向植株喷些水。
- 通风不良和闷热潮湿极易导致植株烂根，应做好通风工作。冬春在植株上罩饮料瓶的，要及时去除。
- 在温度高特别是通风不良、空气干燥时，易发生红蜘蛛危害，被害部分呈褐色且很难消除，应改善栽培环境，并及早防治。

- 气温逐渐降低，植株开始缓慢生长并转入正常生长。这个时期应给予充足的散射光，避免强烈阳光的直射。直至10月后才能给予充足的阳光，以使植株生长充实并保持良好的观赏性。
- 植株虽开始生长，但生长十分缓慢，这时需浇水，但水量宜少，也不要施肥，浇水过多和施肥易引起植株烂根。植株进入正常生长时，可恢复正常的肥水管理。百合科的十二卷属和沙鱼掌属等植物，在生长过程中要求有较高的空气湿度，应在早晚喷叶面水，或者罩上透明的饮料瓶，可使叶片厚实、饱满和色彩美丽。
- 是植株翻盆的适宜时期，也是扦插、分株和嫁接的适宜时期，对开花的种类进行人工辅助授粉。
- 晚秋，除少数要求越冬温度较高的种类需移入室内御寒外，一般植株不要过早移入室内，让植株经受低温锻炼，可增强植株的耐寒性，直到气温降至花卉能够忍耐的低温时才需移入室内保暖。

冬季

· 冬季的管理比较简单，若温度高，可按冬型种进行管理；温度低时则可按夏型种管理。

无论是什么类型的多肉植物，冬季都应给予充足的阳光，否则植株徒长、株形松散，影响美感，这在温度高、盆土潮湿而光照不足时更易发生；处于花期的种类，光照不足，花朵难以开放。因此，光照不足时应降低温度、控制水肥，使植株生长变慢，可避免以上情况的发生。冬季休眠的种类，如果光照不足，会降低其耐寒性，栽养时应将植株置于阳光较为充足的南窗前或南阳台搭建的小型暖棚内。特别是夏型种多肉植物，对光照的要求更多一些。

冬季的浇水应在中午前后进行，百合科的十二卷属、沙鱼掌属、芦荟属，景天科的莲花掌属、石莲花属等多肉植物，在冬季需要稍高的空气湿度，可将盆株置于封闭的金鱼缸内，或者用温水喷洒植株周围，以提高空气湿度。

四、多肉植物的合栽

1. 合栽方法

多肉植物的合栽通常有以下几种方法。

（1）在同一容器内栽植多株同一种类的多肉植物

将形态比较端正一致的植物种类合栽在同一容器内，给人端庄整齐的感觉。也可将同一容器分成若干均等的间隔，并在不同的间隔内种植种类不同但叶形变化不大的植物，而在同一间隔内种植相同的植物，这样可获得整齐且富有变化的效果。

（2）在同一容器内栽植多种多肉植物

这种合栽由于植株的不同，其形态、质感、色彩等都不一样，因而能给人富有变化的感觉。

形态比较端正一致的植物种类合栽于同一容器内

同一容器分成若干均等间隔进行合栽

2. 合栽原则

在同一容器内栽植多种多肉植物，切不可随心所欲，随意为之。只有遵循合栽的原则进行配置种植，才能取得理想的效果。多肉植物的合栽原则如下。

（1）要有丰富的色彩变化

多肉植物合栽时，应尽可能选择色彩有明显对比的植物种类，以取得色彩多变亮丽的效果。

色彩丰富的合栽

色彩缺少变化的合栽

配置的多肉植物色彩差异较小而缺少变化时，可将色彩有对比的饰品点缀其中，能取得一定的观赏效果。如下图合栽多肉植物的色彩较为单调，但在其中点缀了白色的兔子和红色的蘑菇后，色彩便丰富了。

植物色彩变化少时可用缀物丰富色彩

（2）要有形态上的变化

多肉植物合栽时，应尽可能选择株形和叶形有差异的植物，以示形态的多样性。用相同或相似的植物合栽会显得单调划一。

形态变化丰富的合栽

形态变化较小的合栽

（3）要注意构图上的均衡

合栽时，可将构图的重心置于合栽的中心部位，以取得均衡稳定的效果。也可将构图的重心稍偏于合栽的一侧，以取得均衡并富有动势的效果。但重心不宜过于偏离中心，否则会产生不均衡的结果。

构图重心置于合栽中心

重心偏于中心但不失均衡

重心过偏而不均衡

（4）要有合适的间距和疏密有致

多肉植物合栽，特别是生长较迅速的种类合栽时，既要考虑种植时的观赏效果，同时还必须留有适当的间距，以利种植后植株的正常生长。但间距要适当，不要留空太多，以免构图松散和不统一，影响观赏效果。

距离适当

留空太多显得松散

合栽的多肉植物之间要虚实相生，疏密有致。主体部分可适当密些，其余部分则可适当稀些。忌间距统一，简单呆板。

疏密有致的种植

等距离种植

（5）要有相同或相似的生态习性

多肉植物因各自的生境不同，形成了各不相同的生态习性。如果将习性差异很大的不同种类合栽一起，很难使其俱盛俱荣，甚至造成有的植物生长不良甚至死亡。因此，合栽的多肉植物必须要有相同或相似的生态习性。

3. 合栽步骤

（1）容器选择

种植多肉植物的容器不宜过大过深，否则养护时浇水容易过湿，不利于植株的成活与生长；容器的色彩不宜花哨，以免喧宾夺主，影响主体的观赏。可用于多肉植物合栽的容器很多，现市场上的容器形式多样、款式新颖、生动有趣，很适合多肉植物的合栽；有些日常用品甚至废旧物品，也可用于多肉植物合栽；用枯木栽植多肉植物，不但具有别样的情趣，而且更显生态、自然。

形式丰富的容器

容器色彩过于花哨

用枯木栽植多肉植物

废旧物品作容器

日常用品作容器

（2）基质选用

用于合栽多肉植物的基质，应选择含适量腐殖质、疏松透气和排水良好的中性砂质土壤，虎尾兰属、千里光属、十二卷属的植物要求微碱性基质，天女属植物则喜碱性的基质。多肉植物的栽培基质，一般可用腐叶土 2 份、泥炭土 1 份、粗砂 2 份、珍珠岩 1 份配制；也可用泥炭土、园土、粗砂、珍珠岩各 1 份配制。

（3）多肉植物选择

多肉植物合栽，一是选择生态习性相近的种类，以保证植株成活和生长良好。二是根据容器大小、高低、色彩和款式，选择主体和配植植物的种类，并决定植物的高度、体量、形态、色彩和数量。选择的植物的形态和体量要与容器相适应，植株的色彩要和容器有对比。

（4）植物种植

合栽多肉植物的种植，应先种植主体植物，然后根据构图的需要逐一种植配植植物。种植时应注意植株之间的呼应关系和形态、色彩的变化，并保持适宜的间距。盆边可适当留下少许空间，但不宜过空，空处盖上一层白色小石子，不但可防止浇水时泥水溅起污染叶面，还可以提高观赏性。也可在空处种植一些叶片细小的植物，以防盆土裸露影响观赏。如果在盆边种植一些枝叶垂挂的植物，则可使合栽更丰满，更富有动势。理想的多肉植物合栽，应主次有别、形态各异、色彩丰富，和谐而统一。

空处盖白石子

空处种植细小植物

盆边种植枝叶垂挂的植物

（5）饰物置放

植物种植完毕，可在适当位置点缀饰物。饰物的造型应生动而富有趣味，与奇特有趣的多肉植物互相映衬。如在叶盘呈莲座状的植株中间点缀佛像，可让人联想起佛像打坐在莲座上的形象。注意：点缀饰物不宜多，也不要面面俱到；点缀饰物可适当夸张，但不宜过大。如在多肉植物合栽的盆外点缀饰物，也能起到增加趣味的作用。

有趣的饰物

缀物的置放

有趣的饰物

五、多肉植物的栽培

彩春峰

学　名 *Euphorbia lactea* f. *cristata* ‘Albavariegata’

科属名 大戟科大戟属

别　名 春峰锦，春峰之辉锦

形态特征　为春峰之辉的彩化变种，原种为帝锦。多年生植物。茎扁化呈鸡冠状，横向生长，表面有龙骨突起，因品种不同有暗紫红、乳白、淡黄等色以及镶边、斑纹等复色。性状不稳定，栽培中常会发生色彩变异。

欣　　赏　株形奇特优美，肉质茎似奇石、像山峦、如鸡冠，古朴而雅致，别具特色，色彩丰富多变，令人赞叹。

习性分类　夏型种。

常见问题	原　因
掌状变态茎长出原种的柱状肉质茎	①过于荫蔽；②肥水过多
肉质茎腐烂	夏季高温时通风不良，闷热潮湿

季

嫁接的植株

- 嫁接繁殖：用同属中生长强健的霸王鞭或原种帝锦作砧木，切取缀化和斑锦较佳的小块作接穗，平接或劈接。经 7 ~ 10 天可愈合成活。
- 喜阳，给予充足阳光。过阴会徒长，掌状的变态茎会“返祖”而长出原种的柱状肉质茎；美丽色彩褪淡。应及时剪去“返祖”枝条。
- 喜干燥，耐干旱。浇水应“不干不浇，干湿相间”，避免长期淋雨，盆土过湿、积水会导致烂根。
- 每月追施 1 次氮磷钾配合的肥料，可使斑锦鲜丽。氮肥不宜多，否则植株徒长、绿色部分增多、掌状的变态茎易“返祖”。
- 生长缓慢，每 2 ~ 3 年翻盆 1 次。喜疏松、排水透气良好、肥力中等的砂质土壤，基质可用园土、腐叶土各 4 份和河砂 2 份混合配制，并添入少量的石灰质材料。

季

- 生长适温为 20 ~ 28℃，忌闷热潮湿，高温时加强通风，避免闷热潮湿而导致肉质茎腐烂。
- 不耐强光曝晒，给予遮阴，以免灼伤植株。
- 控制浇水并停止施肥。空气干燥时多向植株喷水，提高空气湿度。

季

- 可进行嫁接繁殖。给予充足阳光。
- 浇水应“不干不浇，干湿相间”，每月追施 1 次磷钾为主的肥料。

季

- 不耐寒，在控制浇水时能忍耐 5℃的低温。
- 给予充足的阳光，节制浇水，并停止施肥。

黄斑麒麟角缀化

麒麟掌

学　名　*Euphorbia neriifolia* f. *cristata*

科属名　大戟科大戟属

别　名　麒麟角，玉麒麟

麒麟掌

形态特征　为麒麟的缀化变种。多年生植物。全株含乳汁。茎呈不规则的鸡冠状，并密生瘤状小突起，顶端及边缘密生叶片。叶倒卵形，绿色。有斑锦品种黄斑麒麟角缀化（*E. neriifolia* cv. cristata Variegata）。

欣　　赏　形如鸡冠，叶片茂盛，奇特而有趣。黄斑麒麟角缀化的叶缘和茎干镶有金黄色条纹，更显亮丽秀雅，是装饰性很强的观赏植物，适宜室内栽养，宜置窗台或几桌观赏。

习性分类　夏型种。

常见问题	原　因
叶片变黄脱落	①越冬温度低于10℃；②夏季烈日直射；③盆土过干
枝叶徒长，且长出原种柱状肉质茎	①光照不足；②氮肥施用过多

季

- 扦插繁殖：用利刀割下一部分变态茎，白色乳汁流出时，在伤口上蘸草木灰或用纸吸干，不要让乳汁凝固，否则会影响成活。然后置干燥处 3 ~ 4 天，伤口稍干后插入基质。在 20 ~ 25℃温度条件下，约 1 个月生根。
- 喜光，给予充足阳光。
- 忌积水，浇水要掌握“干湿相间而偏干”。浇水过多，易引起烂根；但盆土过干，叶片会枯黄脱落。
- 生长适温为 20 ~ 30℃，春季是植株生长适期。不喜大肥，应“薄肥少施”，只施 1 次薄肥即可。肥水过多会引起植株“返祖”。发生“返祖”时，应及时剪去“返祖”的枝条。
- 每 1 ~ 2 年翻盆 1 次。喜疏松、排水良好的砂质壤土，基质可用腐叶土、园土与素砂等材料配制。

- 高温闷热时植株生长迟滞。按“干湿相间而偏干”的要求浇水，盆土过湿而光照不足时，根颈易腐烂。
- 宜遮去阳光的 50%，以防叶片变黄脱落。忌过阴，光照不足时枝叶徒长，易出现“返祖”。

季

- 也是适合植株生长的季节，应给予充足阳光。
- 按“干湿相间而偏干”的要求浇水，并追施 1 次稀薄液肥。

- 不耐寒，低于 10℃时叶片变黄脱落，安全越冬温度为 5℃。气温低、盆土过湿并光照过弱时，根颈部易腐烂。
- 给予充足阳光，减少浇水，停止施肥。低温而湿度大时根系易腐烂。

白桦麒麟

学　名　*Euphorbia mammillaris* 'Variegata'

科属名　大戟科大戟属

别　名　玉鳞凤锦

形态特征　为玉鳞凤的斑锦品种。多年生植物。群生状，茎具6～8棱，棱上布满六角状瘤块，白色，有少数绿斑。叶片不发育或早落。秋冬开花，花淡黄，花谢后花梗残留茎上，似刺。

欣　　赏　茎色白中嵌绿，如同白桦树的树皮，洁净而素雅，肉质茎上残留的花梗似刺，极似古代的武器狼牙棍，别致而有趣，风韵独特。可作中小型盆栽布置书桌和案几。

习性分类　冬型种。

常见问题	原　　因
扦插插穗腐烂	①剪口尚未干燥即扦插；②苗床过湿
茎部出现椭圆形褐色病斑，后扩展全株并枯死	为感染茎枯病所致

- 扦插繁殖：切取长约5厘米的肉质茎作插穗，置阴凉处晾2～3天，待伤口干燥后插入苗床。插后保持20～25℃，约1个月可发根。
- 喜阳，给予充足光照。
- 浇水要在盆土干后才能进行，保持盆土湿润而不过湿。
- 生长适温为20～25℃，春季是植株生长适期，应每10天追施1次肥料。
- 每1～2年翻盆1次。喜中等肥力、疏松透气和排水良好的砂质壤土，基质可用腐叶土、园土、泥炭土、粗砂等材料配制。

- 不耐酷暑，高温时生长停滞，处于休眠状态。
- 畏烈日，应遮阴，避免强光曝晒，加强通风。
- 控制浇水，停止施肥。经常向植株和四周喷水，提高空气湿度。

- 也可进行翻盆和扦插，给予充足光照。
- 也是植株生长适期，每10天追施1次肥料。
- 盆土干后才能浇水，保持盆土湿润而不过湿。

- 不耐寒，但在节制浇水时可忍耐4℃的低温。如能维持越冬温度10℃以上，植株可继续生长。
- 给予充足光照，低温时减少浇水，防止盆土过湿，并停止施肥。

将军阁

学　名　*Monadenium ritchiei*

科属名　大戟科翡翠塔属

别　名　里氏翡翠塔

形态特征　多年生植物。茎圆筒形，基部多分枝，茎上布满菱形小瘤突。叶片椭圆形或倒卵形，绿色，着生在瘤突顶端，常早落。夏季开花，花黄色或橙褐色。

欣　　赏　茎上布满菱形小瘤突，瘤突顶端生长着椭圆形或倒卵形叶片，十分奇特，家庭可盆栽点缀阳台、几案等处。

习性分类　夏型种。

常见问题	原　因
植株烂根死亡	盆土过湿，长期雨淋
落叶	①夏季高温；②冬季低温

春季

- 播种繁殖：室内盆播，发芽适温为 19 ~ 24℃。播后 2 ~ 3 周发芽。
- 扦插繁殖：剪取 5 ~ 8 厘米长的茎段作插穗，晾干伤口后插于苗床，经 4 ~ 5 周可生根。
- 嫁接繁殖：用麒麟（*Euphorbia neriifolia*）作砧木，用植株的顶部作接穗，采用平接法。
- 喜充足阳光，耐半阴，应给予充足光照。
- 喜干燥，耐干旱。浇水应掌握“干透湿透”，盆土过湿易引起烂根死亡。
- 生长适温为 18 ~ 24℃，春季是植株生长适期，每月追施 1 次稀薄液肥。
- 每 1 ~ 2 年翻盆 1 次。喜肥沃疏松、排水良好的砂质壤土，基质可用腐叶土 2 份、园土 1 份、粗砂或蛭石 3 份配制，并拌入少量石灰质材料。

嫁接的植株

夏季

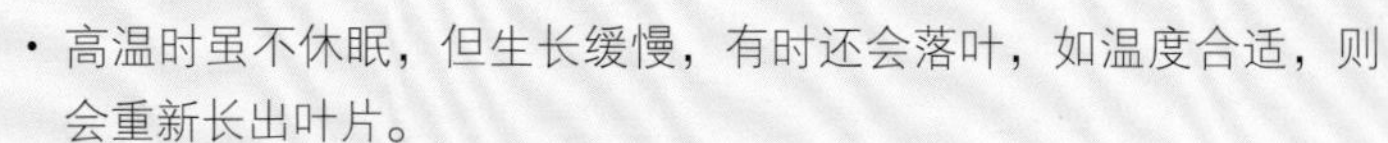

- 高温时虽不休眠，但生长缓慢，有时还会落叶，如温度合适，则会重新长出叶片。
- 遮阴，防止烈日曝晒，并加强通风，但忌过于荫蔽。
- 根据“干透湿透”的要求浇水，并避免雨淋，可防茎叶发黄腐烂。空气干燥时多向植株喷水，使色泽鲜亮、充满生机。停止施肥。

秋季

- 也是植株生长适期，可扦插和嫁接繁殖。
- 给予充足光照。浇水应“干透湿透”，每月追施 1 次稀薄液肥。

冬季

- 不耐寒，越冬温度应维持 10℃以上。在控制浇水时也能忍耐 5℃的低温。
- 给予充足光照。
- 植株落叶进入休眠，应减少浇水，保持盆土较为干燥的状态，并停止施肥。

人参大戟

学　名　*Monadenium montanum* var. *rubellum*

科属名　大戟科翡翠塔属

别　名　高山单腺戟，人生大吉

形态特征　茎干状植物。茎细柱状，褐绿色，有灰白色纵条纹，基部膨大成球状，表皮灰白色。叶质厚，长椭圆形，青绿色带紫晕。夏季开花，小花粉红色。

欣　赏　黄褐色的人参状茎基膨大如薯，上面点缀有灰绿色的柔枝，枝间布满点点桃色小花，其形态精巧灵秀、古拙奇特，是块茎状多肉植物的代表性种类。

习性分类　夏型种。

常见问题	原　因
根茎腐烂	①盆土过湿，冬季低温高湿更易发生；②感染茎枯病，块茎出现赤褐色病斑并逐渐腐烂死亡
茎基部膨大缓慢	①土质过黏；②施用钾肥过少；③茎基在种植时没有埋于基质中

春季

- 扦插繁殖：选择健壮枝条，剪成长 10 ~ 12 厘米的插穗，在剪口处涂上硫磺粉或草木灰，伤口干燥后插入苗床。保持半阴和适当湿度，经 10 ~ 15 天可生根。
- 扦插成活的新株及时上盆，老株每 2 ~ 3 年翻盆 1 次。喜疏松肥沃、通气和排水良好的土壤，基质可用泥炭土、砻糠灰、河砂等材料配制，并拌入少量石灰质材料，疏松的基质有利于茎基部的膨大。种植时，茎基应埋于基质中，有利于茎基膨大。
- 喜光，稍耐半阴，应给予充足光照。
- 喜干燥，耐干旱。浇水应掌握“干湿相间而偏干”，保持盆土湿润而不积水。
- 每 15 ~ 20 天施 1 次稀薄液肥或复合肥，增施钾肥可促使茎基部膨大。

夏季

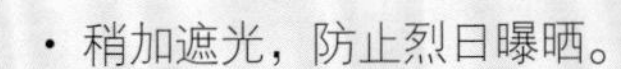

- 稍加遮光，防止烈日曝晒。
- 根据“干湿相间而偏干”的要求浇水，保持盆土湿润，忌过湿和积水，避免雨淋，以免根茎腐烂。
- 每 15 ~ 20 天施 1 次以钾为主的肥料。

秋季

- 给予充足的光照，根据“干湿相间而偏干”的要求浇水。
- 每 15 ~ 20 天施 1 次磷钾为主的肥料。

冬季

- 不耐寒，越冬温度保持 10℃左右。
- 给予充足光照，严格控制浇水，并停止施肥。

虎尾兰

金边虎尾兰

虎尾兰

学　名 *Sansevieria trifasciata*

科属名 龙舌兰科虎尾兰属

别　名 虎皮兰，虎皮掌，千岁兰

形态特征　多年生草本。根状茎匍匐状。叶丛生，革质肥厚，线状披针形，暗绿色，有浅灰绿色的横纹。夏秋开花，小花白色至淡绿色，有香味。常见品种有金边虎尾兰（cv. laurentii），又称黄边虎尾兰，叶缘金黄色。

欣　　赏　株形紧凑整齐，叶形坚挺似剑，叶面斑纹如虎、鲜丽明快，耐旱、耐阴性强，可置室内光照较差处，是最适宜居室栽养的花卉种类。

习性分类　夏型种。

常见问题	原　　因
叶片基部发黑腐烂	越冬温度过低
叶片出现黄色灼斑和干尖	光照过于强烈

春季

将母株分割成小株

- 分株繁殖：用利刀将母株与子株间的根状茎分割，分割的子株应有一定数量的根系和 3 ~ 4 片叶。
- 扦插繁殖：用叶插法。将叶片切成长 5 ~ 7 厘米的小段，切口干燥后直插或斜插于基质中。在 15 ~ 25℃时，约 1 个月发根并长出小苗。斑锦品种的叶插后代，其金边会消失。
- 喜光，给予充足阳光。十分耐阴，能在庇荫处常年摆放。
- 适应干旱缺水的环境，忌水涝。浇水应“干湿相间而偏干”。水分多时叶色变淡，甚至烂根死亡。
- 每半月施 1 次氮磷钾结合的肥料。氮肥不宜多，否则美丽的斑纹颜色褪去变绿。
- 每 2 ~ 3 年翻盆 1 次。盆钵以较深的花盆为宜。喜疏松肥沃和排水良好的砂质壤土，基质用园土、腐叶土和粗砂等材料配制，并拌入少量骨粉。

夏季

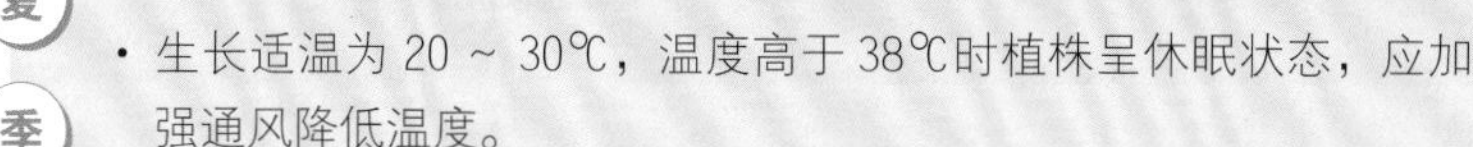

- 生长适温为 20 ~ 30℃，温度高于 38℃时植株呈休眠状态，应加强通风降低温度。
- 忌强光曝晒，应给予遮阴，否则叶片会出现黄色灼斑或干尖。
- 节制浇水并停止施肥，高温多湿根茎易腐烂。

秋季

- 给予充足阳光，可进行分株、扦插繁殖和翻盆。
- 每半月追施 1 次肥料，增施磷钾肥，以提高植株的抗寒力。

冬季

- 不耐寒，越冬温度应不低于 8℃。如控制浇水，可忍耐 5℃的低温。
- 给予充足的阳光。
- 节制浇水，停止施肥。温度过低、光照偏弱和盆土过湿时，植株容易受冻。

露草

露草

学　名　*Aptenia cordifolia*

科属名　番杏科露草属

别　名　露花，花蔓草

斑叶露草

形态特征　多年生常绿草本。茎蔓生。叶对生，心脏卵形，全缘，鲜绿色。夏秋开花，花紫红色或深粉红色，中心淡黄色。有斑锦品种斑叶露草（cv. Variegata），又称白边露花、花蔓草锦，叶边缘乳白色。

欣　　赏　四季常绿，夏秋星星点点的红色小花绽放于嫩绿色的叶片间，纤巧而可爱。因其枝条柔软下垂，适应置几架等高处，或作吊盆挂于高处，任枝条悬垂而下，装饰效果优良。

习性分类　冬型种。

常见问题	原　因
叶片呈黄绿色，生长变劣并缺乏生机	光照过于强烈
枝叶生长繁盛，但开花稀少甚至不开花	施用氮肥过多

季

- 播种繁殖：室内盆播，发芽适温为 20 ~ 25℃，播后 1 ~ 2 周发芽。
- 扦插繁殖：选取健壮枝梢，剪成长 7 ~ 10 厘米的插穗。待剪口干燥后扦插，插后 10 ~ 15 天生根。
- 也可分株繁殖。
- 喜光，耐半阴，应给予充足阳光，使植株生长旺盛，花朵繁多。
- 喜干燥，耐干旱，不耐湿，浇水应“不干不浇，浇则浇透”。干旱不利于植株生长，叶片会萎黄脱落；过湿易导致烂根。
- 生长适温为 15 ~ 25℃，春季为生长旺期。每月施肥 1 次，使生长开花旺盛。但氮肥不宜多，施后虽枝叶繁盛，但开花稀少甚至不开花。适当控肥虽生长会慢些，但株形紧凑、开花繁多。
- 结合翻盆进行修剪，剪去细弱枝和病虫枝，并对留下的枝条进行短截，以形成丰满的株形。幼株应进行摘心，以促发分枝。
- 每年翻盆 1 次。喜疏松肥沃和排水、透气良好的土壤，基质可用园土 1 份、腐殖土 2 份、素砂或蛭石 2 份等材料配制。生长 3 ~ 4 年的老株生长势与开花变差，应淘汰更新。

- 忌高温，做好通风工作，避免闷热环境。
- 忌烈日曝晒，需适当遮光。光照过烈，叶色呈黄绿色，生长变劣并缺乏生机。
- 浇水应“不干不浇，浇则浇透”，同时停止施肥。
- 空气干燥易引起枝叶枯焦，应常向植株喷水，保持较高的湿度。

秋季

- 也为生长旺期，可扦插和分株繁殖。给予充足的光照。
- 浇水应“不干不浇，浇则浇透”，每月施肥 1 次。

季

- 不耐寒，越冬温度保持 5℃以上。夜间如能保持 10℃以上，并有一定的昼夜温差，植株能继续生长。
- 给予充足的光照，低温时控制浇水、停止施肥。

四海波

学　名　*Faucaria tigrina*

科属名　番杏科肉黄菊属

别　名　虎颚花，大沙波

四海波

银边四海波

形态特征　多年生小型植物。丛生。肉质叶交互对生，先端菱形，叶面扁平，叶背凸起，叶缘有9～10对弯曲的肉质齿。秋季开花，花大，黄色。变种有银边四海波（var. *haagei*），又名波头，叶缘有银白色条纹，每边有2～3个弯曲的肉质刺。

欣　　赏　株形奇特有趣，叶缘着生反卷的肉质刺，极似老虎的下颚，欧美地区称“虎钳草”；秋季开出的金黄色花朵硕大而鲜丽，特别适合窗台和几桌等处摆放。

习性分类　中间型。

常见问题	原　因
播种的小苗腐烂	基质太湿，通风不良
全株腐烂	①盆土过湿，夏季高温和冬季低温时浇水过多尤易发生；②夏季高温时施肥

春季

- 分株繁殖：将成丛植株从基部切开，各带一部分根系，分别盆栽。
- 扦插繁殖：切取带有 2 ~ 3 对叶的茎段，待剪口干燥后扦插。
- 播种繁殖：种子细小，播后用浸水法湿润盆土。发芽适温为 22 ~ 24℃，经 15 ~ 20 天发芽。
- 喜光，给予充足光照。也耐半阴，但过阴时植株瘦弱。
- 喜干燥，耐干旱，不耐涝。浇水应“不干不浇，干湿相间而偏干”，防止淋雨。
- 生长适温为 18 ~ 24℃，春季是生长适期，每月施 1 次薄肥。施肥时防止肥液溅到叶面上，以免引起叶片腐烂。
- 开花后需翻盆。喜有一定肥力、排水和透气性良好、富含石灰质的土壤，基质可用腐叶土、园土、粗砂或蛭石配制，并拌入适量的石灰质材料。种植盆不宜大，口径以 12 ~ 15 厘米为好。

夏季

- 畏酷暑，高温时植株半休眠，呈现脱水萎软的状态，叶色变暗。应遮阴并加强通风，以降低温度。
- 减少浇水。空气干燥时喷水提高湿度，有利于植株生长。停止施肥，夏季施肥易导致植株腐烂。

秋季

- 也为生长适期，可扦插繁殖。
- 给予充足的光照。
- 浇水应“不干不浇，干湿相间而偏干”，每月施 1 次薄肥。

冬季

- 不耐寒，越冬温度不低于 10℃，若能控制浇水，可忍耐 5℃低温。
- 给予充足光照。温度低时必须控水，保持盆土干燥，并停止施肥。

照波

学　名　*Bergeranthus multiceps*

科属名　番杏科照波属

别　名　仙女花，黄花照波

形态特征　多年生植物。群生。叶片细三棱形，叶正面平，背面龙骨状突起，深绿色。夏季下午开花，花单生，黄色，外瓣略带红。

欣　　赏　叶片肥厚多汁，清雅别致，夏季开出的金黄色花朵明亮而壮观。其夏季生长与开花的习性与大部分番杏科植物相反，适合家庭栽养。

习性分类　夏型种。

常见问题	原　因
烂根	浇水过多，冬季低温时浇水过多时尤易发生
开花稀少	①光照不足；②施用氮肥过多

- 扦插繁殖：剪取带有基部的叶片，插后保持温度 18 ~ 20℃，经 18 ~ 20 天可生根。
- 分株繁殖：将大株分成小丛后分别栽植。
- 播种繁殖：发芽适温为 20 ~ 22℃，播后 8 ~ 10 天发芽。
- 喜光，给予充足阳光。
- 喜干燥，耐干旱，怕水渍。浇水要“干透浇透”，避免浇水过多而导致烂根。
- 生长适温为 18 ~ 24℃，春季是生长旺期。每半月施 1 次薄肥，春末增施磷钾肥，促使开花繁盛。
- 每年翻盆 1 次。喜肥沃疏松和排水良好的砂质壤土，基质可用煤渣、泥炭配制，也可加入少量的赤玉土和兰石；种植盆宜稍大。

- 不耐强光曝晒，需遮阴，或置散射光充足处。
- 浇水要“干透浇透”，开花时浇水要避开花朵。每半月施 1 次薄肥。

- 也可扦插繁殖。给予充足阳光。
- 也是生长旺期，浇水要“干透浇透”，每半月施 1 次薄肥，应增施磷钾肥，以提高抗寒力。

- 有一定的抗寒力，盆土干燥时能忍耐 0℃低温，但最好能保持 5℃以上。
- 给予充足的阳光，减少浇水，保持盆土干燥，并停止施肥。

棒叶花

五十铃玉

学　名 *Fenestraria aurantiaca*

科属名 番杏科棒叶花属

别　名 橙黄棒叶花

五十铃玉

形态特征 植株密生成丛。叶直立对生，棍棒状，灰绿色，顶端透明。夏末至秋季开花，花雏菊状，金黄色。相似植物有棒叶花（F. rhopalophylla），又名群玉，与五十铃玉不同的是花白色。

欣　　赏 株形玲珑有趣，密集成丛的肉质棍棒状叶片几乎垂直向上生长，十分奇特。夏末至秋开出雏菊状金灿灿花朵，亮丽而素雅，是小型多肉植物盆栽的珍稀种类，宜点缀窗台、书桌和几案等处。

习性分类 中间型。

常见问题	原　因
植株烂心死亡	夏季高温高湿且通风不良
垂直生长的肉质叶横卧且排列稀松	光照不足

季

- 播种繁殖：种子细小，播后不覆土。用吸水法湿润盆土，然后在盆面覆盖薄膜，并置半阴处。发芽适温为 19 ~ 24℃。
- 分株繁殖：用消毒的利刀将较密的植株分割成数丛，伤口晾干后分别种植。
- 喜光，给予充足阳光，使叶片生长紧凑，叶色鲜丽。光照不足时，其垂直生长的棍棒状肉质叶会横卧并排列稀松。
- 耐干旱，不耐水湿，浇水多时易烂叶。浇水应在叶片萎缩并稍有皱皮时进行，浇水以浸盆法为好，浸水后叶子即可恢复饱满。
- 每月施肥 1 次，可结合浸盆进行，在浸盆的水中融入复合肥或掺入液肥。
- 种植：喜疏松肥沃和排水良好的土壤，基质可用泥炭、蛭石和珍珠岩各 1 份配制。栽植宜用小盆。

季

- 高于 30℃时植株休眠或半休眠。高温高湿易引起烂心而死亡。应采取遮阴、加强通风等措施降低温度。
- 忌强光曝晒，需遮阴或给予充足的散射光，避免强光灼伤叶面。
- 减少浇水，或以喷代浇。喷水不宜多，并防止雨淋。同时停止施肥。

季

- 给予充足阳光。
- 适当浇水，每月结合浸盆施肥 1 次。

季

- 给予充足阳光。
- 不耐寒，越冬温度保持 12℃以上。不能维持 10℃以上时，要节制浇水。停止施肥。

天女

学　名　*Titanopsis calcarea*

科属名　番杏科天女属

形态特征　多年生小型植物。无茎。匙形叶排列成松散的莲座状，叶片淡蓝绿色，有时具白色晕。先端宽厚，着生淡红色或淡白色小疣。夏末至秋季开花，花雏菊状，金黄色或橙色。

欣　　赏　株形玲珑，叶端的小疣颇有特点，秋季午后开放的黄花艳色可观且夜晚闭合，能持续5～7天，是值得栽养玩赏的小型多肉植物种类。

习性分类　中间型。

常见问题	原　因
开花少	开花期光照不足
植株死亡	①夏季高温多湿；②冬季低温高湿

季

- 播种繁殖：发芽适温为 21℃。小苗忌闷热潮湿，应置半阴通风处栽养。
- 分株繁殖：将群生的植株分割成单独的小株，伤口晾干后种植。
- 喜阳，应给予充足阳光。
- 喜干燥，耐干旱，忌水湿。浇水要“干湿相间”，保持盆土湿润而不过湿。
- 植株生长较慢，施肥不宜多，施 1 ～ 2 次氮磷钾结合的薄肥。
- 喜疏松肥沃、排水良好、富含石灰质的碱性土壤。由于植株较小、根系不深，种植盆以小盆、浅盆为好。

- 喜凉爽气候，忌高温多湿。越夏较困难，应采取遮阴、环境喷水、加强通风等措施，营造凉爽的小气候。
- 忌强光曝晒，需遮阴。
- 节制浇水，并停止施肥。

- 给予充足的阳光，开花期一定要光照充足，光线不好时难以开花。
- 按“干湿相间”的要求浇水，保持盆土湿润而不过湿。施肥不宜多，施 1 ～ 2 次磷钾肥。

- 不耐寒，越冬温度保持 10℃以上。如节制浇水，能忍耐 6℃的低温。
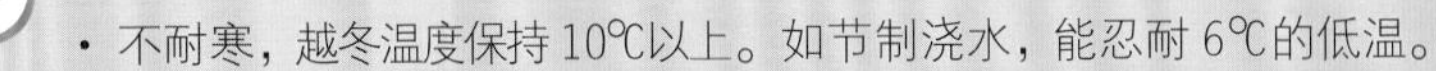
- 给予充足的阳光。节制浇水，并停止施肥。

快刀乱麻

学　名　*Rhombophyllum nelii*

科属名　番杏科快刀乱麻属

形态特征　分枝多。叶集中在分枝顶端，对生，细长而侧扁，先端2裂，淡绿至深灰绿色。夏季开花，花单生，金黄色。

欣赏　叶形奇特，那一片片先端开裂的叶子极似一把把正在打开准备剪裁乱麻的剪刀。金黄色的花朵鲜艳灿烂，虽只在晴天的午后开放，但可以连续盛开好几天，因而深得多肉植物爱好者的青睐。

习性分类　中间型。

常见问题	原　因
植株腐烂	夏季闷热潮湿
开花少	植株开花对光照敏感，阴雨天或光线不好时难以开花

季

- 扦插繁殖：剪取带叶的分枝作插穗，晾 1 ~ 2 天，待伤口干燥后插入苗床。插后浇水不宜多。新株的抵抗力比老株强，故应经常扦插更新。
- 春季为生长旺期，应给予充足阳光。不宜阴，否则容易徒长。
- 喜干燥，耐干旱。浇水要掌握“干湿相间”，每 15 ~ 20 天施 1 次薄肥。
- 喜疏松肥沃、排水良好、富有石灰质的砂质土壤，基质可用腐叶土、园土、粗砂混合配制，并加入适量石灰质材料。

季

- 喜凉爽，忌高温多湿。高温时植株休眠，闷热潮湿易引起植株腐烂。应采取遮阴、环境喷水、加强通风等措施，营造凉爽气候。
- 忌强光曝晒，应遮阴。
- 节制浇水，避免出现闷热潮湿的状况，并停止施肥。

季

- 也是植株生长旺期，可扦插繁殖。
- 浇水掌握“干湿相间”，每 15 ~ 20 天施 1 次薄肥。
- 给予充足阳光。

季

- 不耐寒，越冬温度最好保持 10℃以上；盆土干燥时，能忍耐 5℃的低温。
- 给予充足阳光。节制浇水，保持盆土干燥，并停止施肥。

翡翠珠锦

翡翠珠

翡翠珠

学　名　*Senecio rowleyanus*

科属名　菊科千里光属

别　名　绿串珠，绿之铃，佛珠

形态特征　多年生植物。茎极细，匍匐生长。肉质叶互生，圆球形，前面具一小突尖，绿色或深绿色，有1透明纵纹。头状花序，小花白色，带有紫晕。有斑锦品种翡翠珠锦（var. *variegata*），也称绿之铃锦。

欣　　赏　晶莹圆润的叶片生长在细长的蔓茎上，极似一串串用翡翠珠子缀成的项链或念珠，十分招人喜爱。通常宜植于小盆，点缀窗台、橱顶等高处，如一串串的珠帘，给人以宁静而秀雅的感受。

习性分类　中间型。

常见问题	原　　因
插穗腐烂	高温时扦插，故夏季不宜扦插
肉质叶腐烂脱落、烂根	浇水过多和长期淋雨，夏季闷热且水湿时尤易发生

- 扦插繁殖：剪取 6 ~ 8 厘米长的茎段，剪口干燥后斜插或平铺在基质上。插后保持 15 ~ 22℃、半阴，经 2 ~ 3 周可生根。
- 分株繁殖：横卧于盆面的茎蔓易生不定根，可将生根的枝条剪下进行栽植。
- 生长适温为 15 ~ 28℃，春季是生长适期，需给予充足阳光。
- 具较强的耐旱力，忌过湿，过湿易引起烂根，浇水应掌握“干湿相间，宁干勿湿”。
- 每月追肥 1 次，促使枝叶生长。翡翠珠锦生长缓慢，对肥水需求不大，施肥宜少，且以磷钾为主，可使叶色鲜丽。
- 结合翻盆进行修剪，短剪过长的枝蔓，剪去杂乱的茎叶。
- 每 1 ~ 2 年翻盆 1 次。因根系浅且植株小，种植盆可小些，每盆栽 3 ~ 5 株。基质可用腐叶土或泥炭土 1 份、园土 1 份和粗砂 2 份配制。

- 不耐高温，温度达 30℃以上时生长不良，并进入半休眠，要采取遮阴、喷叶面水和加强通风等措施，营造凉爽的环境。
- 喜半阴，忌强烈阳光直射。应遮阴，或将植株置散射光充足处。
- 减少浇水，防止长期淋雨，避免盆土过湿。闷热水湿时，肉质叶易腐烂脱落，并引起烂根。同时停止施肥。

- 转凉后又开始快速生长，也可扦插繁殖。
- 给予充足阳光，并按“干湿相间，宁干勿湿”的要求浇水。
- 施 1 ~ 2 次磷钾肥，以提高抗寒力。

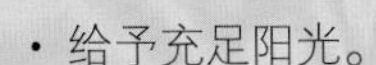

- 给予充足阳光。
- 稍耐寒，高于 0℃即可越冬，但最好能保持 5℃以上。
- 温度低时须控制浇水，保持盆土较为干燥的状态，并停止施肥。

紫章

学　名　*Senecio crassissimus*

科属名　菊科千里光属

别　名　鱼尾冠，紫蛮刀

形态特征　多年生植物。茎枝绿色，有时带紫晕。叶片倒卵形，青绿色，稍有白粉，叶缘和叶片基部紫色。头状花序，小花黄色或朱红色。

欣　　赏　枝叶挺拔，叶缘和叶片基部的紫色美丽迷人，叶形犹如鱼的尾巴，十分有趣，生性强健，养护容易，可作观叶植物装饰室内环境。

习性分类　夏型种。

常见问题	原　因
植株生长衰弱，叶片变薄，叶缘紫色不明显	光线不足
根茎腐烂	浇水过多和长期淋雨，夏季闷热时易发生

季

扦插成活的幼苗

- 扦插繁殖：剪取健壮枝条，待剪口干燥后插于苗床，很容易成活。
- 播种繁殖：盆播，发芽适温为 19 ~ 24℃。
- 喜光，也耐半阴，应给予充足阳光。光线不足时叶缘的紫色会不明显，叶片变薄，生长衰弱。
- 喜干燥，耐干旱，不耐水湿。浇水要掌握“不干不浇”，盆土过湿，根茎易腐烂。
- 生长适温为 15 ~ 25℃，春季为生长旺期，每月施 1 次稀薄的复合肥，增施磷钾肥可使叶色更鲜艳。
- 植株生长快，每年翻盆 1 次。喜疏松肥沃、排水良好的砂质壤土，基质可用腐叶土、园土和河砂各 1 份配制。

- 忌强烈阳光直射，应遮阴，以免灼伤植株。
- 浇水应“不干不浇”，加强通风，避免闷湿引起烂根。
- 也为植株的生长旺期，每月施 1 次氮磷钾结合的肥料。
- 枝叶生长迅速，应经常结合整形进行修剪，保持良好的株形。

- 给予充足阳光，并按“不干不浇”的要求浇水。
- 也为植株的生长期，每月施 1 次磷钾为主的肥料，使叶色鲜艳，提高植株耐寒性。

季

- 不耐寒，越冬温度须维持 5℃以上。
- 给予充足阳光。控制浇水，保持盆土干燥，并停止施肥。

普西莉菊

学　名　*Senecio saginata*

科属名　菊科千里光属

别　名　普西利菊

形态特征　多年生植物。根纺锤状。茎短粗，具分枝，灰绿至深绿色，有菊花状黑色细花纹。叶簇生于茎端，细长，绿色，稍具白粉，叶早落。夏秋开花，头状花序顶生，花红色。

欣　　赏　肉质茎粗短壮实，上面分布的菊花状黑色细花纹颇具装饰性。顶端长出的叶片油绿光亮，在强光下还带有紫晕，使整个植株显得特别有趣，极富观赏性。

习性分类　夏型种。

常见问题	原　　因
肉质茎细弱，茎上的菊花状黑色花纹褪色	光照不足
烂根	通风不良且闷湿

季

- 扦插繁殖：剪取自然生长为一节的肉质茎作插穗，待剪口干燥后插于苗床。插后保持介质稍湿，容易生根。也可将肉质根剪下扦插，其顶部可发芽形成新的植株。

扦插成活的幼苗

- 喜充足阳光和通风良好，稍耐半阴，应给予充足阳光。
- 喜干燥,耐干旱,不耐水湿。浇水应“不干不浇，浇则浇透”，盆土过湿易致根茎腐烂。
- 为生长适季，每月施 1 次低氮高磷钾肥料，促进肉质根茎生长。
- 每 2 年翻盆 1 次。喜疏松肥沃、排水良好的砂质壤土，基质可用泥炭土、蛭石或河砂各 2 份配制，并拌入少量骨粉等钙质材料。

季

- 即使光照强烈，也不需遮阴。光线不足时也能生长，但肉质茎细弱，茎上的菊花状黑色花纹褪色。
- 节制浇水，加强通风，避免闷湿引起植株烂根。
- 也为生长季，每月追施 1 次低氮高磷钾肥料。

季

- 播种繁殖：种子成熟后随即播种，发芽适温为 19 ~ 24℃。幼苗的抗寒能力较差，越冬需注意保暖。
- 也为生长季，可扦插繁殖。
- 给予充足阳光。
- 每月施 1 次低氮高磷钾肥料，既可促进根茎生长，又利于植株安全越冬。

季

- 不耐寒，控制浇水时可忍耐 5℃的低温。
- 给予充足阳光，控制浇水，让植株充分休眠，并停止施肥。

黄花新月

学　名　*Othonna Capensis*

科属名　菊科厚敦菊属

别　名　紫葡萄，紫弦月

形态特征　多年生常绿草本。茎纤细下垂，紫色。叶互生，月牙形，肥厚多汁，紫绿色。2～4月开花，头状花序顶生，花黄色。

欣　　赏　紫色的茎上挂着长长又饱满的叶片，犹如一串串紫色的葡萄，又好似一颗颗紫色的水晶，早春还能开出金黄色的小花，高雅而可爱。可置窗台、花几等高处，让茎叶悬挂而下，或作垂吊布置。

习性分类　中间型。

常见问题	原　因
叶色由紫转绿	①温度较高；②光照不足
烂根	浇水过多，夏季及冬季浇水多时易发生

- 扦插繁殖：剪取具 3 ~ 4 个叶节的茎段，伤口晾干后插入基质，以后保持湿润，容易成活。茎上易生气生根，可将生根的枝条切下，待伤口晾干后另行栽植。
- 喜阳，应给予充足阳光。
- 耐干旱，怕水湿。浇水应掌握“干湿相间，干透浇透”，保持盆土湿润而不过湿。
- 生长适温为 15 ~ 28℃，春季为生长旺期。每月施肥 1 次。
- 每 1 ~ 2 年翻盆 1 次，喜肥沃疏松、排水良好的砂质壤土，基质可用泥炭、蛭石和珍珠岩混合配制。

季

- 畏酷暑，高温时植株半休眠。应控制浇水，并停止施肥。
- 忌强光曝晒，应遮阴，以免烈日灼伤植株。

季

- 又进入生长旺期，可扦插繁殖。
- 给予充足光照，可使整个植株都变成紫色。
- 根据“干湿相间，干透浇透”的要求浇水，每月施肥 1 次。

冬季

- 不耐寒，越冬温度不低于 10℃。
- 给予充足的阳光。控制浇水，停止施肥。

青锁龙缀化

青锁龙

银锁龙

青锁龙

学　名	*Crassula lycopodioides*
科属名	景天科青锁龙属
别　名	鳞叶神刀，鼠尾景天

形态特征　常绿亚灌木。茎干细，易分枝，茎枝垂直向上，仅顶端稍弯曲。叶鳞片状三角形，在茎上紧密排列成棱状，深绿色。冬季开花，花小、微黄绿色。有斑锦变异品种银锁龙（var. *variegata*）和缀化品种银锁龙缀化（f. *cristata*）。

欣　　赏　分枝繁茂，碧绿的鳞片状小叶紧贴于茎，常被误以为是四棱的茎干，富有趣味；抗性较强，易管理，适宜初学养花者栽养。

习性分类　中间型。

常见问题	原　　因
叶距拉长，株形散乱	光照不足
新种植株烂根死亡	种植时浇水过湿或施肥

季

- 扦插繁殖：选取叶片排列紧密的枝条，剪成长 12 ~ 15 厘米的插穗，插后 20 ~ 25 天生根。
- 分株繁殖：将成丛的植株用手掰开分成数丛，然后分别种植。
- 喜光，耐半阴，应给予充足阳光。光照不足虽也能生长，但节间拉长、株形散乱。
- 喜干燥，耐干旱。浇水应掌握“干湿相间而偏干”，必须在盆土干后才能浇水。
- 生长适温为 16 ~ 28℃，春季为生长旺期。不喜大肥，每月追施 1 ~ 2 次稀薄液肥。
- 植株过高时，通过摘心压低株形。分枝过多而过于稠密时，疏去过密和影响株形的枝条。
- 每 2 年翻盆 1 次。喜疏松、排水良好和较肥沃的砂质壤土，基质可用腐叶土、泥炭土、园土、素砂或珍珠岩等材料配制，并适当拌入骨粉或饼肥。植株较小，种植盆不宜大，可用口径 8 ~ 10 厘米的盆种植。

- 不耐酷暑，高温时植株半休眠，应采取通风、环境喷水等措施，营造较凉爽的环境。
- 对遮阴的要求不严。
- 节制浇水，停止施肥。置室外时要防止大雨冲淋，否则根部易损、枝条变黄腐烂。

季

- 也是生长旺期，可扦插繁殖。给予充足阳光。
- 喜偏干的土壤环境，耐干旱，应按“干湿相间而偏干”的要求浇水。
- 施 2 ~ 3 次磷钾肥，以利植株越冬。

季

- 不耐寒，越冬温度不低于 5℃。
- 给予充足阳光，节制浇水，停止施肥。

火祭

火祭

学　名	*Crassula capitella* ‘Campfire’
科属名	景天科青锁龙属
别　名	秋火莲

火祭锦

形态特征　多年生草本，为头状青锁龙的栽培品种。植株丛生。叶卵圆形至线状披针形，交互对生，排列紧密，灰绿色，光照充足时呈红色。秋季开花，小花黄白色。有斑锦变异品种火祭锦（‘Campfire Variegata’），又称火祭之光、白斑火祭，叶缘有白色斑纹，阳光曝晒后叶呈粉红色。

欣　　赏　冷凉季节阳光充足时，叶缘红色或叶片的大部分变成红色，嫩叶的色彩尤为鲜艳，如同燃烧的熊熊火焰，艳丽而富有活力。栽养简单，可盆栽布置窗台、阳台；也可与其他多肉植物组合盆栽，在色彩上相互衬托；还可制作盆景观赏。

习性分类　夏型种。

常见问题	原　　因
植株徒长，叶色不红	①光照差，即使是盛夏也不需要遮阴；②大肥大水，尤其是氮肥过多；③温差过小
烂根	①盆土过湿，②闷热且通风不良

- 扦插繁殖：剪取顶端具 3 对叶以上的肉质茎作插穗，待剪口干燥后插于基质。插后保持湿润，约 20 天生根。也可叶插繁殖。
- 分株繁殖：将丛生的植株分开，然后分别栽植。
- 生长适温为 18 ~ 24℃。昼夜温差大时，叶色更鲜丽。
- 喜光，稍耐阴，应给予充足的阳光。光照充足时植株矮壮紧凑，叶片越晒越红、越美观。
- 喜干燥，耐干旱，怕水湿，要待盆土干透后才能浇水。适当控制水分，植株虽生长慢些，但株形美观。水分多时植株徒长、叶色不红，甚至烂根。
- 每月施 1 次磷钾为主的肥料。氮肥不宜多施，否则引起徒长，叶色不红。适当减少施肥，反而利于保持良好的观赏性。
- 栽养 2 ~ 3 年的植株会生长过高并老化，应短剪控制高度。
- 每 1 ~ 2 年翻盆 1 次。喜肥沃疏松而排水、透气性良好的砂质土壤，基质可用园土、腐叶土和素砂等材料配制，并拌入少量骨粉。种植盆不宜大，以口径 10 ~ 12 厘米为妥。

- 不畏炎热，但闷热而通风不良时，易引起根部腐烂。
- 即使是盛夏阳光强烈时，也不需要遮阴。
- 控制浇水，注意通风，天气闷热和通风不良时，如盆土过湿，易引起根部腐烂。空气干燥时，经常向叶面喷水。
- 每月施 1 次磷钾为主的肥料。

- 也可扦插繁殖。秋末昼夜温差大时叶色更加鲜丽。
- 盆土干后浇水，每月施 1 次磷钾为主的肥料。

冬季

- 对越冬温度要求不高，0℃以上即可安全越冬。
- 给予充足阳光，控制浇水，停止施肥。

神刀

神刀锦

神刀

学　名 *Crassula falcata*

科属名 景天科青锁龙属

形态特征　多年生灌木状草本，全株灰绿色。茎直立。单叶互生，镰刀状，肥厚，被白粉。7～8月开花，伞房状聚伞花序顶生，小花橙红色。有斑锦变异品种神刀锦（f. *variegata*）。

欣　　赏　植株肥厚多汁，叶似镰刀又如螺旋桨，奇特而别致；春天开出红色花朵，鲜艳醒目，具有较高的观赏价值；生性强健，管理方便。可装饰几案和窗台、写字台等处。

习性分类　夏型种。

常见问题	原　　因
叶片变成土黄色	光照过强
根部腐烂，茎叶萎缩，植株死亡	低温且盆土潮湿

季

- 扦插繁殖：将茎端用利刀割下，待伤口干燥后插入基质，经15 ~ 20天可生根。也可用叶插法，将厚实的叶片切成长5 ~ 6厘米的小段，伤口干燥后平放在湿润的砂床上，保持室温20 ~ 25℃，经20 ~ 30天可生根并长出新株。
- 播种繁殖：发芽适温为22 ~ 26℃，播后10 ~ 15天发芽。
- 给予充足阳光，喜半阴。温度高于25℃时需遮阴，并加强通风。
- 喜偏干的土壤环境，耐干旱，怕水湿。浇水应掌握“干湿相间而偏干”，要在盆土干透后浇水，过湿会引起烂根。
- 春季为生长旺期。不喜大肥，每月只需施1次薄肥。
- 生长多年的老株，基部叶片逐渐枯死，造成下部空颓，株形不雅。可结合翻盆和扦插繁殖，对老株更新。
- 每1 ~ 2年翻盆1次。喜疏松肥沃和排水良好的砂质土壤，基质可用腐叶土、泥炭土、粗砂等材料配制，并拌入少量骨粉。种植盆不宜大，以口径12 ~ 15厘米为好。

- 植株生长较慢，但无明显的休眠现象。需节制浇水，加强通风。
- 阳光过烈会使叶片变成土黄色，应遮阴并加强通风。在庇荫条件下，叶色会更漂亮。
- 根据“干湿相间而偏干”的要求浇水。高温干燥时经常向环境喷水，同时停止施肥。

- 也是生长旺期，应给予充足阳光。也可枝插和叶插繁殖。
- 根据“干湿相间而偏干”的要求浇水，每月施1次氮磷钾结合的薄肥。

季

- 忌寒冷，越冬温度维持5℃以上。
- 给予充足阳光。节制浇水，低温而盆土潮湿时根部极易腐烂。停止施肥。

纪之川

学　名　*Crassula* 'Moonglow'

科属名　景天科青锁龙属

形态特征　为神刀和雅儿姿（*C. deceptor*）的杂交种。叶片三角形，交互对生，肉质，排列呈方塔形，灰绿色，被稠密绒毛。春季开花，花淡黄或粉红色。

欣　　赏　融合了神刀的优美叶色及稠密绒毛和雅儿姿叶片排列整齐的特点，因而株形别致，其叶片从上至下几乎一样大小，整个植株犹似一座绿色的小小方塔。适宜用小盆栽植后装饰案头、窗台等处，别有一番情趣。

习性分类　夏型种。

常见问题	原　　因
烂根	高温期浇水过多，长期雨淋，闷热潮湿
叶片出现暗绿色病斑，后病斑褐色腐烂，其上长满灰色霉状物	感染灰霉病

- 扦插繁殖：将植株于顶端 3 ~ 4 厘米处切下，晾干伤口后插于基质中，经 20 ~ 25 天可生根。也可将叶片带短茎切下，晾干后扦插，插后保持 20 ~ 22℃，经 15 ~ 20 天可生根。
- 播种繁殖：发芽适温为 22 ~ 24℃，播后 10 ~ 15 天发芽。
- 分株繁殖：植株易群生，结合翻盆进行分株。
- 喜阳光充足环境，耐半阴，应给予充足光照。
- 喜干燥，较耐旱，怕水湿。浇水应掌握“干透浇透而偏干”，保持盆土湿润而不过湿。
- 生长适温为 18 ~ 24℃，春季为主要生长期，每 10 ~ 20 天施 1 次低氮高磷钾的稀薄液肥。
- 每 2 年左右翻盆 1 次。喜疏松和排水良好且有一定肥力的砂质壤土，基质可用泥炭土、腐叶土和粗砂混合配制，并拌入少量骨粉。

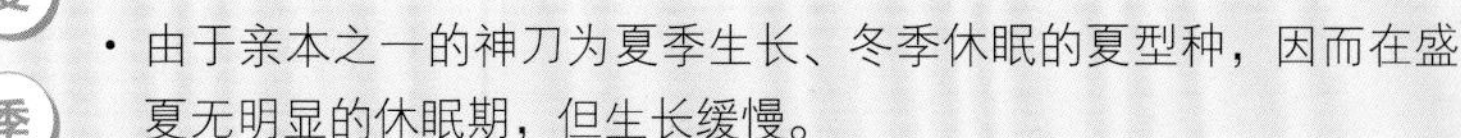

- 由于亲本之一的神刀为夏季生长、冬季休眠的夏型种，因而在盛夏无明显的休眠期，但生长缓慢。

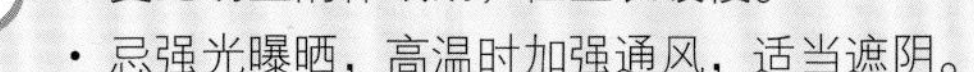

- 忌强光曝晒，高温时加强通风，适当遮阴。
- 节制浇水，防止雨淋，避免闷热潮湿。同时停止施肥。

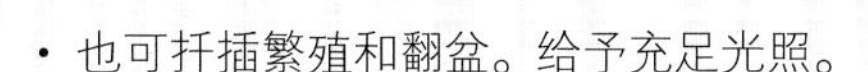

- 也可扦插繁殖和翻盆。给予充足光照。

- 也为旺盛生长期。根据“干透浇透而偏干”的要求浇水，每 10 ~ 20 天施 1 次低氮高磷钾的薄肥。

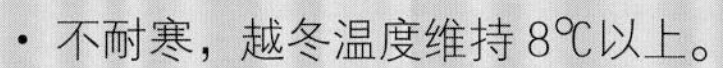

- 不耐寒，越冬温度维持 8℃以上。

- 置室内阳光充足处，控制浇水，停止施肥。

筒叶花月

学　名　*Crassula argentea* ‘Gollum’

科属名　景天科青锁龙属

别　名　筒叶青锁龙，马蹄红

形态特征　多年生草本，是花月的栽培变种。茎圆形。肉质筒状叶互生，在茎或分枝顶端密集成簇，顶端呈斜的截形，鲜绿色，有光泽。秋季开花。

欣　　赏　叶形奇特，表皮光亮，色彩宜人，特别在秋末至早春的冷凉季节，叶端的截面边缘呈现鲜艳的玫瑰红色，更是绚丽多彩、鲜艳夺目。为理想的室内小型观叶植物，除了迷你盆栽，还可水栽。

习性分类　中间型。

常见问题	原　因
叶片细长，株形松散且不挺拔	光照不足
叶片失绿，无光泽，落叶甚至死亡	用碱性土壤种植

- 扦插繁殖：切取健壮肉质茎，插时先打洞，然后将插穗插入洞中。插后保持基质稍湿润，经半月可生根。也可叶插，但后代易“返祖”。
- 喜阳，稍耐阴，应给予充足阳光。光线充足，叶片短而密集、株形紧凑。半阴时叶片细长、松散，株形不挺拔。
- 生长适温为 18 ~ 24℃，春季为生长旺期。喜昼夜温差大的环境，可使植株叶色光亮。
- 喜干燥，耐干旱，忌水湿。浇水应在盆土稍干时进行，并防止雨淋。忌盆土过干，长时间缺水时叶片皱缩，甚至落叶和影响生长。
- 每月施 1 ~ 2 次氮磷钾结合的肥料。肥不宜过多，否则茎叶徒长，植株提早老化。
- 结合翻盆进行修剪，剪短过长和剪去过密的枝条。
- 每 1 ~ 2 年翻盆 1 次，喜肥沃疏松、透气和排水良好的微酸性砂质壤土，基质可用腐叶土、园土和粗砂混合配制。种植盆宜稍大，以口径 12 ~ 15 厘米的盆为好。

- 畏酷暑，高温时植株半休眠。
- 怕通风不良和烈日曝晒，应加强通风，并遮阴。
- 减少浇水，停止施肥。经常向四周喷水，以利降温。

- 也是生长旺期，可行扦插繁殖。
- 给予充足阳光，按“干湿相间”的要求浇水，每月追施 1 ~ 2 次磷钾肥。

- 不耐寒，越冬温度不低于 5℃。如能维持 12℃以上，植株可继续生长。低温时节制浇水，保持盆土干燥。同时停止施肥。
- 给予充足的阳光。

茜之塔锦

茜之塔

学　名　*Crassulacorym bulosa*

科属名　景天科青锁龙属

茜之塔

形态特征　多年生小型草本。叶长三角形，对生，密集整齐排列成4列，堆砌成塔状，浓绿色，阳光充足时呈红褐色或褐色。秋季开花，花小，白色。有斑锦变异品种茜之塔锦（f. *variegata*）。

欣　　赏　叶片排列紧密齐整，每个枝条酷似一座小型的宝塔，丛生植株则如丛塔耸立，奇异而特别。在冬季、早春冷凉季节和阳光充足的条件下，叶片呈红褐或褐色，更是色彩缤纷、精美华丽。

习性分类　冬型种。

常见问题	原　因
夏季植株腐烂	高温且浇水过多
植株松散，茎叶徒长，节距过长	①过阴；②施用肥水过多

春季

- 分株繁殖：将密集的植株分成具 3 ~ 4 枝的小丛，然后分别上盆。
- 扦插繁殖：剪取健壮、带有 4 对以上叶片的枝段作插穗。在 18 ~ 24℃的条件下，经 2 ~ 3 周可生根。
- 播种繁殖：在 20 ~ 22℃条件下，约 2 周发芽。
- 喜阳，耐半阴，应给予充足光照。阳光充足植株会变成深红色。忌过阴，否则会影响株形、叶色和光泽。
- 喜干燥，耐干旱，忌水湿，盆土保持湿润而不积水。
- 生长适温为 18 ~ 24℃，春季为生长旺期，每半月施 1 次低氮高磷钾的薄肥。施肥不宜多，否则茎叶徒长、节间伸长、株形松散。
- 植株长满盆时翻盆，喜疏松肥沃、具有良好排水性的砂质壤土，基质可用园土、粗砂或蛭石各 2 份，腐叶土 1 份均匀配制，并拌入少量骨粉或鸡、牛粪作基肥。

夏季

- 忌高温闷热，高温时植株休眠或半休眠，生长缓慢或停止，应将植株置于通风凉爽处。
- 遮阴，或置于散射光明亮处。
- 避免浇水过多，以防植株腐烂。同时停止施肥。

秋季

- 也为生长旺期，可扦插繁殖。
- 给予充足的光照。保持盆土湿润而不积水。每半月追施 1 次低氮高磷钾的薄肥。

冬季

- 如保持温度 10℃以上，植株可继续生长。不耐寒，安全越冬温度为 8℃。如保持盆土干燥，能忍耐 5℃低温。
- 给予充足光照。低温时节制浇水，保持盆土较为干燥的状态。停止施肥。

串钱景天

串钱景天

学　名　*Crassula perforata*

科属名　景天科青锁龙属

别　名　钱串，星乙女

串钱景天锦

形态特征　多年生草本，植株丛生。肉质叶灰绿至浅绿色，叶缘稍具红色，卵圆状三角形，无叶柄，幼叶上下叠生。4 ~ 5 月开花，小花白色。有斑锦品种串钱景天锦（‘Variegata’），又称星乙女锦。

欣　　赏　因植株酷似一串串古钱币而得名。株形玲珑奇特，色彩明快悦目，用小型工艺盆栽种后装饰案头、窗台等处，十分典雅和富有情趣，颇受人们喜爱。

习性分类　冬型种。

常见问题	原　因
植株徒长，叶距拉长，株形松散，叶缘红色减退	光照不足
茎干中空，肉质叶萎缩脱落，植株下部空秃	为植株衰老所致，应繁殖新株更新

- 扦插繁殖：剪取 2 节以上带叶茎段作插穗，伤口干燥后插于基质。插后保持温度 18 ~ 20℃，经 20 ~ 24 天可生根。也可叶插。
- 春季是生长旺期。叶色在冷凉、阳光充足、昼夜温差较大时最为艳美。

扦插成活的串钱景天

- 给予充足光照，阳光充足时株形矮壮、茎节排列紧凑。忌过阴，光照不足会导致植株徒长，叶距拉长，叶缘红色减退，株形松散。
- 喜干燥，耐干旱，忌水涝。宜保持土壤湿润，但要避免过湿和积水，否则根部易腐烂。每 15 天施 1 次腐熟的稀薄液肥。
- 植株拥挤后进行翻盆。基质可用腐叶土、园土、粗砂配制，并拌入少量骨粉。因植株较小，种植盆不宜大。
- 经常修剪整形，剪去杂乱的枝条。老株的茎容易中空，并引起肉质叶萎缩和脱落，造成植株下部空秃，应繁殖新株进行更新。

- 忌闷热潮湿，5 月以后温度升高，生长逐渐变慢直至停止而进入休眠。
- 置通风处，遮阴或给予充足散射光，避免烈日曝晒。
- 节制浇水，避免雨淋，同时停止施肥，以防植株腐烂。

- 也为生长旺期，可扦插繁殖和翻盆。
- 给予充足光照，保持盆土湿润而不积水，每 15 天施 1 次腐熟的稀薄液肥。

- 温度维持 10℃以上，植株可继续生长。不耐寒，控制浇水时能忍耐 5℃左右的低温。
- 给予充足光照，低温时控制浇水，使植株休眠。同时停止施肥。

巴

学　名 *Crassula hemisphaerica*

科属名 景天科青锁龙属

形态特征　多年生植物。具短茎。叶片半圆形，顶端渐尖如桃形，交互对生，上下叠接呈“十”字形排列，灰绿色，有光泽，全缘。春季开花，花白色。

欣　　赏　暗绿色的半圆形叶片碧绿光亮，排列成整齐端正的塔形，使株形显得精巧而玲珑，犹如精细的碧玉艺术品，十分别致可爱。

习性分类　冬型种。

常见问题	原　　因
茎干变细，叶色变淡，光泽消失	光线过差
叶片上出现难看的疤痕	施肥时肥液污沾叶片

春季

- 分株繁殖：植株基部易萌生小株，可结合翻盆进行分株。
- 扦插繁殖：将侧生的幼芽剪下，或将植株切顶，待切口干燥后扦插。插后介质不宜过湿，很容易生根。
- 喜阳，应给予充足光照。阳光充足时叶片排列紧密、肥厚饱满、色泽光亮；光线差时茎端变细、叶色变淡、光泽消失，甚至腐烂。
- 喜干燥，忌过湿和积水，浇水应“干湿相间而偏干”，保持盆土湿润而不过湿。
- 生长适温为 15 ~ 25℃，春季是生长旺期。但生长缓慢，故对施肥要求不高，每月施 1 次稀薄液肥或复合肥。施肥时避免肥液污沾叶片，否则会形成难看的疤痕。
- 植株满盆时进行翻盆，喜疏松、排水良好、有一定肥力的砂质土壤，基质可用泥炭 2 份、蛭石或粗砂 2 份和炉渣 1 份配制。

夏季

- 喜冷凉，畏高温，炎热时植株休眠。应加强通风，并遮阴或置散射光充足处，避免烈日曝晒。
- 节制浇水甚至停止浇水，防止雨淋，同时停止施肥。
- 空气干燥时向植株喷洒叶面水，可使叶片清新。

秋季

- 也是生长旺盛期，可分株和扦插繁殖。
- 给予充足光照。浇水应“干湿相间而偏干”，每月施 1 次稀薄液肥或复合肥。

冬季

- 温度维持 10℃以上，植株可继续生长。不耐寒，节制浇水时可忍耐 5℃的低温。
- 给予充足光照。低温时节制浇水，并停止施肥。

若歌诗锦

若歌诗

学　名　*Crassula Rogersii*

科属名　景天科青锁龙属

若歌诗

形态特征　多年生草本。植株丛生，茎细柱状。叶对生，匙形，叶面平展或稍内凹，叶背圆凸，叶面密布白色茸毛。秋季开花，小花淡绿色。有斑锦品种若歌诗锦（*C. rogersii* f. *variegata*）。

欣　　赏　四季碧绿，叶片肥厚，那一对对密布白色茸毛的叶片犹似熊猫的耳朵，憨厚可爱，秋季开出淡绿色小花虽不鲜艳，但也素朴雅致。可盆栽点缀茶几、案头、书案等处。

习性分类　夏型种。

常见问题	原　因
夏季根部腐烂，枝条变黄	浇水过多或大雨冲淋
植株徒长细瘦，节间拉长，叶片变小	光照不足

- 扦插繁殖：剪取不少于 2 对叶的枝条，晾干剪口后插于基质，保持基质湿润，经 20 ~ 25 天可生根。
- 喜阳，耐半阴。应给予充足光照，阳光充足时叶片肥厚饱满。光线不足时植株徒长细瘦，节间拉长，叶片变小，观赏性变差。
- 喜干燥，忌涝渍，浇水应保持盆土湿润而不积水。每月施 1 次稀薄液肥或复合肥。
- 翻盆：喜排水良好、疏松肥沃的砂质壤土，基质可用泥炭、蛭石和珍珠岩或粗砂配制。生长 2 ~ 3 年的老株生长势减退，需考虑扦插更新。

枝插

光线不足引起植株徒长

- 喜冷凉，生长适温为 15 ~ 25℃，无明显休眠期。给予遮阴，或置于散射光充足处，避免烈日直射，以免灼伤植株。
- 减少浇水，避开大雨冲淋，以防根部腐烂、枝条变黄。同时停止施肥。

季

- 也可扦插繁殖。给予充足的光照。
- 按“干透浇透”的要求浇水，每月施 1 次薄肥或复合肥。

季

- 怕低温和霜雪，越冬温度不低于 5℃。
- 给予充足光照。保持盆土干燥，同时停止施肥。

吉娃娃

吉娃娃缀化

吉娃娃

学　名　*Echeveria chihuahuaensis*

科属名　景天科石莲花属

别　名　吉娃莲，娃莲

形态特征　多年生草本。莲座叶盘蓝绿色，被浓厚白粉，叶缘和叶尖玫瑰红。有缀化品种吉娃娃缀化（f. *cristata*）

欣　　赏　叶盘碧绿如玉，排列紧凑似莲，蓝绿色叶片被浓厚白粉，尤其是叶尖和叶缘呈红色，更是鲜艳美丽、典雅可爱，是本属观赏性最高的多肉植物种类。

习性分类　夏型种。

常见问题	原　　因
植株徒长，叶片变长，白粉减少，叶缘与叶尖上的红晕消退	光照过于荫蔽
烂心	浇水和洒水时叶丛中心积水

春季

叶插

- 分株繁殖：将蘖株剪离母株后分别栽植。
- 扦插繁殖：将上部叶盘切下扦插，留下部分会萌生蘖株，待长大后可切下扦插。也可叶插，取壮实叶片晾干后平放于介质上并保持潮气，很快可在基部生根发芽。
- 生长缓慢，对施肥要求不高。每 20 天施 1 次薄肥，肥料应氮磷钾结合，使叶色鲜艳。
- 给予充足阳光，使叶色美丽。光线不足时植株被有的白粉减少，叶缘与叶尖的红晕消退。
- 不耐水湿。植株小型，不需大量水分。浇水要“干透浇透”。空气干燥时经常向植株周围洒水。
- 每 2 年翻盆 1 次。基质可用腐叶土 3 份、河砂 3 份、园土 1 份、炉渣 1 份混合配制，并添加适量的骨粉。

夏季

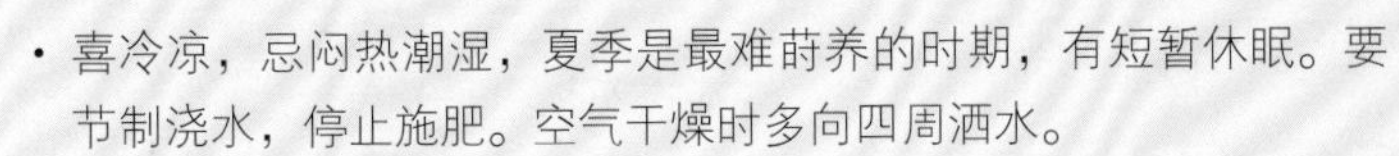

- 喜冷凉，忌闷热潮湿，夏季是最难莳养的时期，有短暂休眠。要节制浇水，停止施肥。空气干燥时多向四周洒水。
- 遮阴并加强通风。

秋季

- 给予充足光照，使生长茁壮、叶色鲜艳。
- 浇水要“干透浇透”，保持盆土湿润。
- 天气转凉，植株又开始生长。每 20 天施 1 次氮磷钾结合的肥料。
- 也可分株和扦插繁殖。

冬季

- 不耐寒，越冬温度不低于 5℃，并给予充足阳光。
- 节制浇水，保持盆土干燥，并停止施肥。

石莲花

学　名　*Echeveria secunda* var. *glauca*

科属名　景天科石莲花属

别　名　玉蝶石莲掌，莲花掌

形态特征　多年生草本。具短茎。叶莲座状着生于短茎上，倒卵状匙形，上部圆形，先端有小尖，微向内弯曲，浅绿色或蓝绿色，被有白粉。春季开花，小花淡红色，先端黄色。

欣　　赏　为整齐端正的标准莲座状植物，株形美观，叶色如碧玉般苍翠，整个植株犹似玉石雕成的莲花，具有很强的装饰性。生性强健，对环境要求不严，易栽培，适宜家庭栽植。

习性分类　夏型种。

常见问题	原　因
植株徒长	①光照过差；②浇水偏湿；③氮肥施用过多
叶片发黑腐烂	浇水过多或大雨冲淋

- 扦插繁殖：基部易生蘖株，可剪取小莲座叶盘，稍晾干后扦插，约 20 天生根。也可叶插，取下健壮的叶片，晾 1 ~ 2 天后插入苗床，以后保持湿润，2 ~ 3 周叶基部可生根并长出新芽。
- 分株繁殖：结合翻盆将母株基部的生根蘖株分出，各自进行种植。
- 在通风良好和充足光照时生长最好，光线越强，植株越紧凑。也能在半阴或室内散射光充足处生长。
- 喜干燥，耐干旱，怕水湿。应节制浇水，控制植株长势，保持株形美观。盆土较湿时，植株易徒长。
- 每 20 ~ 30 天施 1 次低氮高磷钾肥料。肥液不宜浓，不要溅在叶面上，以保持叶片青翠。氮肥过多，易导致徒长。
- 生长快，应每年翻盆 1 次。喜肥沃疏松和透气排水性良好并有适量钙质的砂质壤土，基质可用园土 2 份、腐叶土 2 份和粗砂 3 份混合配制，并拌入少量骨粉等石灰质材料。

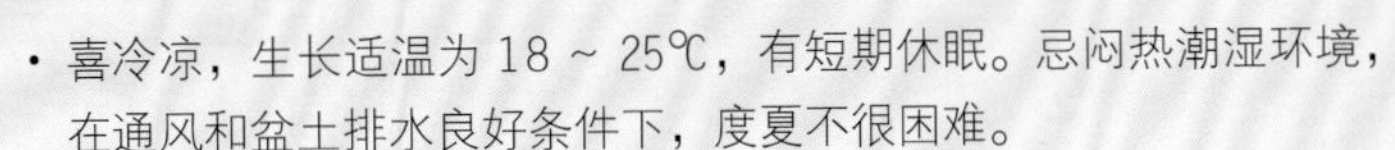

- 喜冷凉，生长适温为 18 ~ 25℃，有短期休眠。忌闷热潮湿环境，在通风和盆土排水良好条件下，度夏不很困难。
- 通风良好时，即使盛夏也不需遮阴。光线差时植株徒长、株形松散。
- 节制浇水，保持盆土较为干燥的状态。空气干燥时经常向植株喷水，使叶色清新。同时，每 20 ~ 30 天施 1 次低氮高磷钾肥料。

- 也可扦插繁殖。给予充足阳光。
- 根据“干透浇透”的要求浇水，每 20 ~ 30 天施 1 次低氮高磷钾肥料。

- 不耐寒，控制浇水时能忍耐 3 ~ 5℃的低温。寒冷季节叶尖和叶缘呈红色，更显漂亮。
- 给予充足阳光。节制水分，停止施肥，让植株充分休眠，否则根部易腐烂。

圆叶红司

红司

圆叶红司

学　名　*Echeveria nodulosa* 'Rotundifolia'

科属名　景天科石莲花属

形态特征　多年生肉质草本，为红司（*E. nodulosa*）的栽培品种。叶片卵圆形，肥厚，灰白绿色，呈莲座状排列，叶背、叶缘和叶面均有红褐色的线条或斑纹。初夏至秋季开花，花淡红白色。

欣　　赏　株形奇特，小巧玲珑，叶背、叶缘和叶面均有红褐色的线条或斑纹，十分鲜艳。为小型盆栽佳品，可装点几桌、窗台和阳台等处。

习性分类　中间型。

常见问题	原　因
株形松散，叶色黯淡，叶缘和叶片上紫红色斑块减退	光照不足
叶面上绿色增多，紫红色斑块褪淡	施用氮肥过多

季

- 分株繁殖：植株基部生有蘖株的，结合翻盆将蘖株切下，晾干伤口后另行栽植。
- 扦插繁殖：生长期将旁生的小株切下，晾 1 ~ 2 天，待切口处干燥后插入苗床，很容易成活。
- 生长适温为 15 ~ 25℃，早春是植株生长旺期，较大的昼夜温差有利于生长。
- 喜阳光充足和通风良好，光线充足时植株紧凑，叶片肥厚，紫红色斑块显著。光照不足时植株徒长，株形松散，叶色黯淡，叶缘和叶片上的紫红色斑块减退。
- 喜干燥，耐干旱，怕水湿。应适当浇水，保持盆土稍呈干燥的状态。盆土过湿，易烂根。
- 生长缓慢，对养分需要不多，每月施 1 次薄肥，基质肥沃的可不施肥。氮肥不宜多，否则叶面上的绿色增多，紫红色斑块褪淡。
- 每 2 年翻盆 1 次，喜疏松透气、排水良好和有中等肥力的砂质壤土，基质可用园土 1 份、腐叶土 2 份、粗砂或蛭石 4 份混合配制，并拌入少量骨粉等石灰质材料。

季

- 喜凉爽，畏高温。酷暑时停止生长，叶色暗淡无光泽，呈休眠状态。
- 加强通风，遮阴，防止烈日曝晒。
- 节制浇水，盆土过湿易引起植株腐烂。停止施肥。

季

- 深秋是植株生长旺期，给予充足光照。
- 适当浇水，保持盆土稍呈干燥的状态。每月施 1 次薄肥。

季

- 不耐寒，安全越冬温度为 8 ~ 10℃。
- 给予充足光照，控制水分，停止施肥。

雪莲

学　名 *Echeveria laui*

科属名 景天科石莲花属

形态特征　多年生草本。叶呈莲座状排列，圆匙形，顶端圆钝或稍尖，褐绿色，被浓厚的灰白或淡蓝灰色粉末。春季开花，小花橘红色。

欣　　赏　株形端正整齐，叶色白润可爱，犹如一枝白玉雕琢而成的白莲花，洁白无瑕，纯净剔透，惹人喜爱，令人惊叹。

习性分类　冬型种。

常见问题	原　　因
叶面白粉减少	①光照过于荫蔽；②浇水时浇洒叶面或遭雨淋；③操作时接触叶面
植株腐烂	①浇水或雨淋造成叶丛中心积水；②夏季浇水过多，通风不良，闷热潮湿时易发生

- 分株繁殖：结合翻盆将蘖株剪离母株，稍晾干后栽植。
- 扦插繁殖：切下蘖株如无根，可晾几天后扦插。也可叶插，将叶片切下晾干伤口后斜插或平放于介质上，并使基部与介质紧密结合。以后保持半阴和介质湿润，很快能从基部生根发芽。
- 喜阳，应给予充足光照。光照充足时植株紧凑，叶片饱满，叶面上的白粉浓厚。
- 喜干燥，耐干旱，不耐水湿。浇水要做到“不干不浇，干透浇透”，盆土过湿易烂根。浇水要避免浇洒叶面，并防止雨淋，以免冲淋掉叶面上的白粉。要防止叶丛中心积水，否则易造成植株烂心。
- 春季是主要生长期。每 20 天施 1 次稀薄液肥，应注意氮磷钾的结合。

- 忌酷暑和闷热潮湿，高温时植株休眠或半休眠，生长缓慢甚至停滞。需进行遮阴，避免阳光直射，并保持良好的通风。
- 节制浇水，避免因闷热潮湿引起植株腐烂。同时停止施肥。

- 播种繁殖：种子成熟后随采随播，发芽适温为 16 ~ 19℃。出苗后要防止闷热和潮湿，以防植株腐烂。
- 每 1 ~ 2 年在初秋时翻盆 1 次，喜排水透气性良好、具有一定颗粒度并含有钙质的砂质土壤，基质可用泥炭土 3 份、河砂 3 份、园土 1 份、炉渣 1 份配制，并添加适量骨粉。
- 也是主要生长期。应给予充足的光照。
- 按“不干不浇，干透浇透”的要求浇水，每 20 天施 1 次氮磷钾结合的肥料。

- 如能维持夜间温度 10℃左右并有一定的昼夜温差，植株可继续生长。不耐寒，控水时可忍耐 5℃甚至 0℃的低温。给予充足的光照。
- 减少浇水，低温时保持盆土较为干燥的状态。并停止施肥。

黑王子

学　名　*Echeveria* 'Black Prince'

科属名　景天科石莲花属

形态特征　多年生草本，为石莲花的栽培品种。匙形叶排列成莲座状，叶先端急尖，表皮紫黑色。夏季开花，聚伞花序，花小，紫色。

欣　　赏　叶片呈多肉植物中十分少见的紫黑色，显得神秘而高贵；夏季能开出鲜艳的花朵，是叶花俱佳的小型多肉植物种类。生性强健，栽培容易，适宜家庭栽养观赏。

习性分类　夏型种。

常见问题	原　因
植株中心呈暗绿或暗红色，其他部分颜色变淡	光照不足
叶片发黄腐烂	浇水、喷水时水流入叶腋或遭雨淋

- 扦插繁殖：将萌生小株或植株上部切下，晾干后扦插。留下部分会萌生蘖芽，长大后切下扦插。也可叶插，掰取成熟叶片晾 1 ~ 2 天后斜插或平放于基质，经 2 ~ 3 周在叶基生根发芽。
- 阳光越充足，叶色越黑亮，观赏性越佳。半阴处也能生长，但颜色变淡。
- 喜干燥，耐干旱，忌涝渍。浇水应“干透浇透”，盆土过湿时茎叶易徒长。适当干燥虽生长慢些，但叶色更美。
- 生长适温为 18 ~ 25℃，春季生长迅速，应每月施肥 1 次。氮肥不宜多，否则生长过旺，叶色褪淡变绿。
- 每 1 ~ 2 年翻盆 1 次，基质可用粗砂或蛭石 2 份、腐叶土 1 份、园土 1 份配制，并掺入适量骨粉。种植盆不宜大，以稍大于莲座直径为妥。

阳光不足时植株徒长，叶色变淡

- 高温时有短暂的休眠期，植株生长缓慢或停止，应稍加遮阴、加强通风，以使植株安全度夏，避免灼伤植株。
- 节制水分，避免雨淋，停止施肥。

- 按“干透浇透”的要求浇水，干燥时多向四周喷水。浇水和喷水要避免水流入叶腋间，同时防止雨淋，否则叶片易发黄腐烂。
- 也为生长旺期，每月施 1 次肥，并给予充足阳光。

- 给予充足阳光。不耐寒，越冬温度不低于 5℃。
- 减少浇水，低温而过湿易引起根部腐烂。同时停止施肥。

特玉莲缀化

特玉莲

学　名　*Echeveria runyonii* cv. 'Topsy Turvy'

科属名　景天科石莲花属

别　名　特叶玉蝶

特玉莲

形态特征　为鲁氏石莲花的栽培品种。多年生草本。叶片莲座状排列，匙形，正面稍突起，叶缘向下反卷，先端内弯、具小尖，蓝绿色至灰白色，被有浓厚的白粉。春末至夏开花，总状花序，花黄色。有缀化品种特玉莲缀化(cv. 'Topsy Turvy' f. *cristata*)。

欣　　赏　肉质叶片呈整齐莲座状，犹如一朵盛开的花朵，又如一件粉妆玉琢的工艺品，外观别致，奇特美丽；春末至夏抽出的总状花序，花色鲜艳丽人。可置居室的窗台、阳台及光线充足的室内欣赏。

习性分类　夏型种。

常见问题	原　因
夏季植株发黑腐烂	浇水过湿或长期雨淋
植株徒长，株形松散，叶片白粉淡薄甚至消失	光照过于荫蔽

春季

叶插成活的幼苗

- 扦插繁殖：切取基部小蘖或植株顶部，晾干剪口后扦插。插壤不宜太湿，否则剪口易腐烂。经 20 天左右生根。也可叶插，掰取充实叶片，晾 1 ~ 2 天后平铺或浅插于介质，约 10 天叶片基部会长出小芽及新根。
- 分株繁殖：结合翻盆切取基部生根的蘖芽，晾干伤口后另行栽植。
- 喜阳光充足和通风环境。过阴时植株徒长、株形松散、叶片白粉淡薄甚至消失。
- 喜干燥，耐干旱，忌涝渍。浇水应“间干间湿，润而不湿”。水分多时易徒长，过度浇水甚至会导致植株腐烂死亡。
- 每月施低氮高磷钾肥料 1 次，氮肥不宜多，否则植株徒长而失去美感。要防止肥液沾污叶片，保持叶片青翠碧绿。
- 生长较快，每年翻盆 1 次。喜肥沃疏松、排水良好、含适量钙质的砂质壤土，基质可用腐叶土或泥炭土 3 份、河砂 3 份、园土 1 份、炉渣 1 份混合配制，并拌入少量的石灰质材料。

夏季

- 不耐烈日曝晒，要适当遮阴，保持通风良好。
- 控制浇水，避免长期雨淋，防止植株发黑腐烂。干燥时向植株周围洒水，保持空气湿润，使叶色清新。

秋季

- 给予充足阳光。
- 浇水应“间干间湿，润而不湿”，或者以喷代浇。每月施低氮高磷钾肥料 1 次。

冬季

- 不耐寒，冬季温度不低于 5℃。并给予充足的阳光。
- 节制浇水，只要叶子不发皱即可，低温高湿易烂根。停止施肥。

莲花掌

学　名	*Aeonium arboretum*
科属名	景天科莲花掌属
别　名	树莲花，大座莲

形态特征　多年生亚灌木状植物。茎直立，多分枝。叶片青绿色，倒长披针形，边缘红色，紧密着生于枝顶，呈莲座状。2～3月开花，花黄色。

欣　　赏　由肥厚叶片组成的莲座状植株，犹如清丽脱俗的莲花，整个植株似乎是用一片片碧玉装饰而成。是室内布置窗台、案头的良好材料。莲花掌的属名有“常青永存”和“经久长寿”之意，故也宜作馈送老人的礼品。

习性分类　冬型种。

常见问题	原　　因
枝插时插穗腐烂	苗床过湿
烂根	盆土过湿或雨淋，夏季闷热水湿及冬季低温过湿时尤易发生

春季

- 分株繁殖：切下蘖枝，已生根的可直接上盆，无根的行扦插。
- 扦插繁殖：剪下枝端的莲座叶盘扦插，插后基质不宜过湿，否则插穗易腐烂。经 3 ~ 4 周可生根。也可叶插，选取壮实叶片，晾干后平铺于基质上，易生根发芽。
- 播种繁殖：种子细小，播后不覆土。发芽适温为 19 ~ 24℃，播后 9 ~ 14 天发芽。
- 喜明亮光照，光线差时植株徒长、株形不紧凑、叶色不美，且易落叶。
- 喜干燥，耐干旱，忌水湿。浇水应掌握“宁干勿湿”，防止盆土过湿和雨淋，以免烂根。
- 生长适温为 20 ~ 25℃，春季为生长期。应每半月施肥 1 次，避免肥液溅到叶片上，否则叶片会脱落。
- 每 1 ~ 2 年翻盆 1 次，喜疏松而排水良好的土壤，基质可用腐叶土、园土、泥炭土和粗砂等材料配制。

夏季

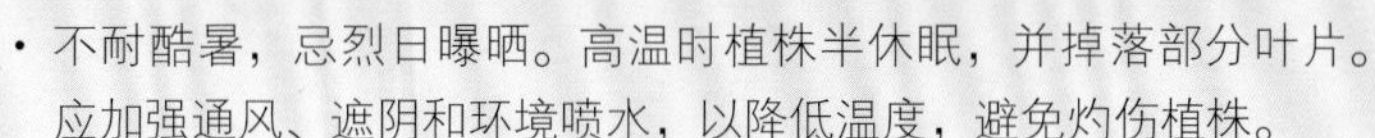

- 不耐酷暑，忌烈日曝晒。高温时植株半休眠，并掉落部分叶片。应加强通风、遮阴和环境喷水，以降低温度，避免灼伤植株。

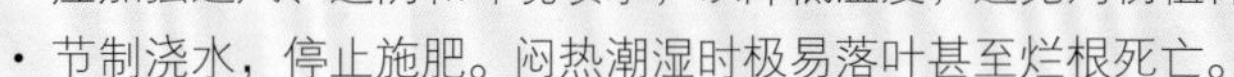

- 节制浇水，停止施肥。闷热潮湿时极易落叶甚至烂根死亡。

秋季

- 给予充足阳光。
- 按“宁干勿湿”的要求浇水，每半月追施 1 次肥液。施以磷钾肥为主，以利植株安全越冬。

冬季

- 保持 10℃以上温度，植株可继续生长。不耐寒，越冬温度最好维持在 6℃以上，并给予充足阳光。
- 低温时减少浇水，保持盆土干燥，低温而盆土过湿易烂根及落叶。同时停止施肥。

黑法师

学　名　*Aeonium arboreum* cv. Atropurpureum

科属名　景天科莲花掌属

形态特征　为莲花掌的栽培品种。亚灌木，茎圆筒形，分枝多。叶在枝端集成莲座叶盘，倒长卵形，黑紫色，叶缘细齿状。春末开花，花黄色，花后植株枯死。

欣　　赏　叶色优美，整个植株呈黑紫色，犹如盛开的朵朵墨菊，神秘而高雅，在多肉植物中十分罕见，可置窗台、案几、书桌等处观赏。

习性分类　中间型。

常见问题	原　因
叶片徒长，叶盘中心暗绿色，其他部位叶色变淡	①光照过于荫蔽；②施用氮肥过多
老叶枯萎	盆土过分干燥

季

- 扦插繁殖：切取健壮的莲座叶盘或基部萌生的小株，晾干伤口后插入苗床。也可叶插，但不易成活。
- 喜阳，稍耐阴。半阴处也能生长，但生长点周围的叶色逐渐变成暗绿色，其他部位的黑紫色变淡，而且叶片徒长，光线差时还会变黄脱落。
- 喜干燥，耐干旱，浇水多时易引起徒长。适当干些生长虽慢些，但株形与色彩会更好。但也不宜过干，否则老叶会枯萎。
- 生长适温为 18 ~ 25℃，春季为生长季。每半月施肥 1 次，肥料应氮磷钾配合，以使植株紧凑、叶色美丽。氮肥不宜多，否则叶片会呈暗绿或浅褐色。
- 每 1 ~ 2 年翻盆 1 次，基质可用粗砂 2 份、腐叶土 1 份和园土 1 份混合配制，并拌入少量骨粉作基肥。

留下基部长出很多蘖芽

光照不足植株徒长，叶色变绿

季

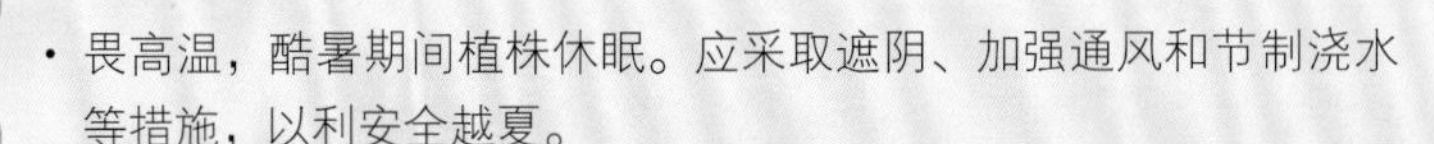

- 畏高温，酷暑期间植株休眠。应采取遮阴、加强通风和节制浇水等措施，以利安全越夏。
- 控制浇水，避免长期淋雨，停止施肥，防止植株烂根。

- 给予充足阳光。
- 也为生长季。每半月施 1 次磷钾肥。

- 不耐寒，如节制浇水使植株休眠，可忍耐 3 ~ 5℃的低温。
- 给予充足阳光。光照弱时叶色转绿，尤其是新叶更加明显。
- 节制浇水，并停止施肥。

红提灯

学　名　*Kalarchoe manginii*

科属名　景天科伽蓝菜属

别　名　宫灯长寿花，珍珠风铃

形态特征　多年生草本。多分枝，新生枝常柔软下垂。叶对生，倒卵形或卵圆匙形，绿色。春季开花，圆锥花序，小花鲜红色，端部黄色。

欣　　赏　开花繁盛，一朵朵小花酷似点亮的一盏盏红艳艳小提灯，美丽而可人，故又称宫灯长寿花。无论是装点办公桌或居室的窗台，都能增添喜气和温馨。

习性分类　冬型种。

常见问题	原　因
茎细叶薄，花少色淡	光线不足
烂根	①浇水过多，高温高湿尤易引起；②高温植株半休眠时施肥

- 生长适温为 18 ~ 28℃，春季为生长适期，可行扦插繁殖。
- 喜阳，耐半阴。充足光照下生长健壮，开花良好。半阴处虽能生长，但茎细叶薄、花少色淡，甚至掉叶无花。
- 喜干燥，耐干旱，怕水湿。浇水要掌握“不干不浇”，盆土过湿易烂根落叶，甚至整株死亡。每半月施 1 次肥料。花后应施氮肥，以利于植株复壮。施肥要防止肥液沾污叶片，否则叶片易腐烂。

季

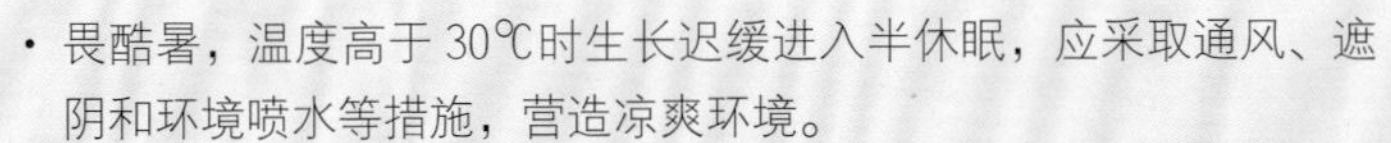
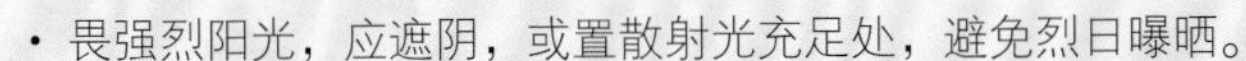

- 畏酷暑，温度高于 30℃时生长迟缓进入半休眠，应采取通风、遮阴和环境喷水等措施，营造凉爽环境。
- 畏强烈阳光，应遮阴，或置散射光充足处，避免烈日曝晒。
- 严格控制浇水，高温高湿极易引起植株烂根。同时停施肥料。

季

- 扦插繁殖：剪取健壮枝梢，制成长约 10 厘米的插穗，晾 1 昼夜后插入苗床。插后遮阴并保持较高的空气湿度，经 10 ~ 15 天可生根，易成活。
- 根据“不干不浇”的要求浇水。
- 较喜肥，幼苗期施 2 ~ 3 次氮肥，促进茎叶生长。
- 幼株应摘心，使植株丰满。入秋恢复生长时，结合翻盆进行修剪，疏去过密枝并短剪过高的枝条，使株形整齐美观。
- 每年翻盆 1 次，宜在入秋植株恢复生长时进行。喜疏松肥沃、排水性良好的微酸性砂质壤土，基质可用园土、腐叶土和粗砂配制，并拌入适量的骨粉或复合肥。种植盆不宜大，可选用口径 12 ~ 15 厘米的花盆。

- 不耐寒，低于 8℃时叶色发红，花期推迟。但控制浇水，可忍耐 3℃的低温。如保持夜间 10℃以上、白天 15 ~ 18℃，可提早开花。
- 温度较高而提早开花时，要适当浇水；温度低时要控制水分。

唐印

学　名 *Kalanchoe thyrsifolia*

科属名 景天科伽蓝菜属

别　名 牛舌洋吊钟

形态特征　多年生植物，全株具白霜。茎粗壮。叶片对生，广卵形至披针形，浅绿色，边缘红色。春季开花，花黄色，花后植株萎缩。

欣　　赏　叶片硕大，株形也大，在冷凉季节阳光充足时，叶缘呈现艳丽的淡紫红色，美丽迷人，是观叶多肉植物中的佳品，宜布置书房、客厅和卧室。

习性分类　夏型种。

常见问题	原　因
夏季叶尖枯萎	光照过烈
茎叶徒长，叶色转绿暗淡、缺失光泽	光照过于荫蔽

季

- 扦插繁殖：剪取健壮、长 5 ~ 6 厘米的顶梢或基部的小芽作插穗，晾干伤口后插入介质。插后防止过湿，维持 20 ~ 22℃的温度，经 8 ~ 10 天可生根。也可叶插，切取充实叶片，平铺或斜插于介质，经 10 ~ 15 天可生根发芽。
- 喜阳，耐半阴，应给予充足阳光。光照充足时叶片短宽，冷凉而阳光充足时，叶缘呈现美丽的淡紫红色。
- 喜干燥，耐干旱，忌积水。应适当浇水，保持土壤湿润而不过湿。浇水要防止水淋在叶片上，以免冲掉叶面上的白粉。
- 生长适温为 18 ~ 23℃，春季为生长季。每 10 天施 1 次薄肥，要避免肥水溅到叶片上。
- 每年翻盆 1 次，喜肥沃疏松、排水透气性良好的砂质壤土，基质可用腐叶土和粗砂混合配制；种植宜用口径 12 ~ 15 厘米的花盆。

季

- 喜凉爽，高温时长势弱，甚至停止生长，应置通风凉爽处，以防腐烂。
- 忌强光曝晒，光照过烈会引起叶尖枯萎，应遮阴。
- 节制浇水，停止施肥。盆土过湿，基部叶片易变黄腐烂。空气干燥时，向叶面喷雾，以提高环境湿度。

季

- 给予充足阳光，光照不足茎叶徒长、叶色暗淡且缺失光泽。
- 也为生长季，应适当浇水，每 10 天施 1 次薄肥。

季

- 不耐寒，安全越冬温度为 10℃；如节制浇水，可忍耐 3 ~ 5℃的低温。
- 给予充足阳光，节制浇水，停止施肥。盆土过湿易致基部叶片变黄腐烂。

月兔耳锦

月兔耳

学　名　*Kalanchoe tomentosa*

科属名　景天科伽蓝菜属

别　名　褐斑伽蓝，兔耳草

月兔耳

形态特征　多年生草本。茎直立。叶对生，匙形，密被银白色绒毛，上端有锯齿，缺刻处有深褐色或棕色斑。夏季开花，小花微黄至微褐色。有斑锦品种月兔耳锦（'Variegata'）。

欣　　赏　株形小巧，长长的叶片上密布绒毛，犹如兔子长长的耳朵；银白色叶片的叶缘有褐色斑纹，酷似熊猫，故又有“熊猫植物”的美称，极富趣味。繁殖容易，习性强健易栽养，是多肉植物中栽培较广的种类。

习性分类　夏型种。

常见问题	原　因
茎叶细瘦，银白色叶片变绿并逐渐下塌	光线不足
枝叶发黄腐烂	浇水和喷水时淋湿叶片，或施肥时肥液沾在茎叶上

- 扦插繁殖：剪取长 5 ~ 8 厘米的茎端作插穗，待剪口干燥后扦插。插后保持湿润和半阴，经 3 ~ 4 周可生根。也可叶插。剪取肥厚叶片，平放在基质上，经 25 ~ 30 天可长出小植株。
- 喜光，应给予充足光照。阳光充足时叶片肥厚。
- 喜偏干的土壤环境，不耐水湿。浇水不要过多，盆土过湿易落叶，甚至烂根。
- 生长适温为 18 ~ 26℃，春季为生长旺期。每月施肥 1 次，肥水多时植株徒长、株形不美。避免肥液沾在茎叶上，以免枝叶发黄甚至腐烂。
- 植株过高时，可通过修剪压低高度。
- 每 1 ~ 2 年翻盆 1 次，基质可用腐叶土、园土、泥炭土、粗砂等材料配制，并拌入少量骨粉。

光照不足的植株

- 忌烈日曝晒，应遮阴，防止灼伤植株。
- 减少浇水，停止施肥，并向四周喷水，以增加湿度和降低温度。浇水和喷水时要防止淋湿叶片。

- 给予充足阳光。
- 也为生长旺期，不要过多浇水，保持盆土湿润而偏干的状态。每月施肥 1 次。
- 幼株长至 20 厘米左右时，可摘心控制高度，促进分枝。

- 不耐寒，越冬温度不低于 5℃。给予充足阳光。
- 节制浇水，保持盆土较干燥的状态，并停止施肥。

星美人

学　名　*Pachyphytum ouiferum*

科属名　景天科厚叶草属

别　名　厚叶草，铜锤草

形态特征　多年生草本。群生，具短茎。叶片倒卵球形，先端钝圆，淡绿色，被白霜。初夏开花，花橙红色或淡绿黄色。

欣　　赏　叶色碧绿如玉，上披浓浓的白粉，光线充足时叶尖还有紫红色色晕，如同一个含羞的少女，又似一位涂脂抹粉的美人，十分惹人喜爱，是家庭小型盆栽的佳品。

习性分类　中间型。

常见问题	原　因
肉质叶伸长，根系腐烂，甚至全株烂死	浇水过湿，夏季闷热潮湿时易发生
叶片上的白粉脱落	①浇水时喷湿叶片或长期淋水；②操作时触摸叶片

春季

生有蘖芽的母株

切下的幼株

- 扦插繁殖：枝插或叶插。切取枝端或叶片，晾几天后插入介质，极易生根。
- 分株繁殖：结合翻盆切下蘖株栽植。
- 给予充足阳光，光线充足时叶尖呈粉红色。
- 喜干燥，耐干旱。应适量浇水，盆土过干，下部叶片易脱落；过湿，肉质叶伸长、易烂根。浇水时不要喷湿叶片，并避免淋雨，否则叶片上的白粉会脱落。
- 喜冷凉，生长适温为 18 ~ 25℃。春季为生长期，每月施 1 次薄肥。
- 每 1 ~ 2 年翻盆 1 次，早春翻盆可使根系在盛夏前发育良好，利于安全度夏。基质可用泥炭土 2 份、园土 1 份和粗砂 3 份配制，并拌入少量骨粉。
- 如节间变长、叶片变小而植株变得不美时，可将上部枝干剪去，促发强健的侧枝。避免触摸叶片，否则会留下难看的痕迹。

夏季

- 不耐湿热，高温时植株休眠或半休眠，生长缓慢或停滞，故损坏率高。要做好通风降温工作。
- 遮阴，避免强光直射，但需光线明亮。
- 控制浇水，停止施肥。避免闷热潮湿引起植株腐烂。

秋季

- 也为生长期，给予充足阳光。
- 适量浇水，保持盆土湿润而不积水，同时每月施 1 次薄肥。

冬季

- 很耐寒，即使短期降到 0℃也不会受冻，但最好能维持 5℃以上。
- 给予充足阳光，节制浇水，保持盆土稍干燥的状态。同时停止施肥。

小玉珠帘

松鼠尾

学　名	*Sedum morganianum*
科属名	景天科景天属
别　名	玉米景天，翡翠景天

松鼠尾

形态特征　亚灌木。枝匍匐或平卧。叶长纺锤形，先端急尖，紧密排列于茎上，浅绿色。春天开花，花深紫红色。栽培品种有小玉珠帘（*S. morganianum*‘Burrito’），又名维洲景天，叶的排列更紧凑，且小而短，先端钝圆。

欣　　赏　茎平卧或下垂，叶片紧密排列其上，极似一条条松鼠的尾巴，故名；欧美地区则称其为“驴的尾巴”，株形奇特有趣，是居室理想的盆栽和悬挂种植材料。

习性分类　中间型。

常见问题	原　因
落叶	①持续高温，通风不良；②夏季高温时浇水过多；③叶片容易碰落，翻盆和其他操作时触碰植株
植株徒长，叶片排列松散，株形变差	①用氮肥过多；②光线过于荫蔽

春季

- 扦插繁殖：选取壮实、长 5 ~ 10 厘米的枝条作插穗，晾干伤口后扦插。也可叶插，选择充实的肉质叶，撒播或平放于苗床上，以后保持温度 20 ~ 22℃和介质湿润，经 15 ~ 30 天可生根发芽。
- 喜光，耐半阴，散射光充足时也能良好生长。应给予充足的光照或散射光。
- 喜干燥，耐干旱，忌过湿。浇水掌握“干湿相间而偏干”，防止盆土过湿和积水。
- 生长适温为 18 ~ 27℃，春季为生长适期，每月追施 1 次肥料。氮肥不宜多，否则植株徒长、茎节伸长、叶片松散、株形变差。
- 长期不翻盆根系易损坏，导致叶片萎缩脱落，仅在枝顶留下一些叶子，应每隔 1 ~ 2 年翻盆 1 次。喜肥沃疏松、排水良好的砂质土壤，基质可用泥炭土、园土和粗砂混合配制；种植宜用口径 12 ~ 15 厘米的花盆，每盆种 3 ~ 5 株。叶片容易碰落，操作要避免触碰。

- 喜冷凉，忌闷热潮湿。高温时植株休眠，在持续高温、通风不良时易落叶。应加强通风，经常向环境喷水，以降低温度。
- 忌强烈阳光直射，应遮阴。
- 忌浇水过多，否则易引起落叶、生长变弱，甚至烂根。同时停止施肥。

- 也为生长适期，可行枝插或叶插。
- 给予充足光照或充足散射光。
- 浇水应掌握“干湿相间而偏干”，并每月施 1 次磷钾为主的肥料。

- 不耐寒，越冬温度不低于 5℃。
- 给予充足光照，节制浇水，并停止施肥。

玉米石

学　名	*Sedum album*
科属名	耳坠草，虹之玉
别　名	景天科景天属

玉米石

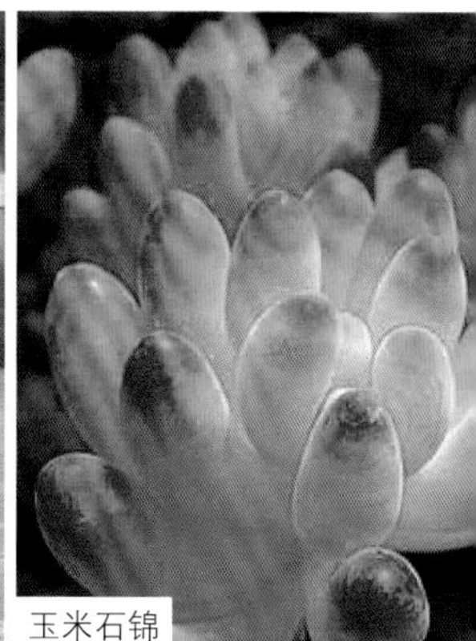

玉米石锦

形态特征　多年生草本。多分枝。叶互生，倒长卵圆形，先端浑圆，绿色，光亮，新叶顶端淡红褐色。冬季开花，小花淡黄红色。有斑锦品种玉米石锦（*S. album* cv. Aurora），茎叶有白色斑纹，甚至整片叶子呈白色，阳光下白色部分变为粉红色。

欣　　赏　叶片圆润多汁，形同玉石雕成的翡翠耳坠。因翠绿色的叶片上带有红晕，在日本有"虹之玉"之称；又由于其在阳光照射下部分或大部分叶片转为铜红色，给人热烈欢乐的感觉，故西方人取名"圣诞快乐"。是室内盆栽佳品。

习性分类　夏型种。

常见问题	原　因
茎叶徒长	①荫蔽过度；②盆土偏湿
叶片呈绿色且疏散，节间伸长	单纯施用氮肥或氮肥过多

春季

玉米石叶插

过阴时的植株

- 播种繁殖：发芽适温为 18 ~ 21 ℃，播后 12 ~ 15 天发芽。
- 扦插繁殖：剪取长5 ~ 7厘米的枝梢作插穗，经 10 ~ 12 天可生根。也可叶插，将肉质叶撒在砂床上，数周可生根并长成幼株。
- 分株繁殖：将满盆植株脱盆分成数丛，然后分别栽植。
- 喜充足的阳光，叶色越晒越红润鲜艳。
- 浇水应掌握“干湿相间而偏干”，防止盆土过湿，否则茎叶徒长，甚至烂根。
- 生长适温为 13 ~ 18℃，春季为生长适期。需肥不多，施肥少时反而茎叶紧凑，每月施 1 次薄肥即可。
- 株形杂乱时，剪去过高、过密和影响姿态的枝条。应避免碰落叶片，否则影响美感。
- 每年翻盆 1 次。土壤不需肥，基质可用腐叶土和粗砂配制。

夏季

- 高温时需遮阴，半阴时叶色翠绿光亮。忌过阴，否则茎叶柔嫩、易倒伏。
- 根据“干湿相间而偏干”的要求浇水，并停止施肥。

秋季

- 也为生长适期，可扦插、分株繁殖。
- 恢复充足阳光，叶片会由绿转红而更美艳。
- 根据“干湿相间而偏干”的要求浇水，每月施 1 次薄肥。

冬季

- 不耐寒，越冬温度保持 5℃以上。
- 给予充足阳光，控制浇水，停止施肥。

长生草

学　名　*Sempervivum tectorum*

科属名　景天科长生草属

别　名　观音莲，屋卷绢

形态特征　多年生植物。广义的长生草是长生草属植物的总称，狭义的则指本种。叶片倒卵形，排列成莲座状，蓝绿色，叶端紫红色。夏季开花，小花紫红色。有很多变种和品种。

欣　　赏　株形整齐端正，小巧玲珑，叶尖的红紫色鲜艳醒目、绚丽可人。可作小型盆栽装饰家庭。因属名有“长生”之意，故也是馈送老人的理想礼物。

习性分类　中间型。

常见问题	原　因
植株徒长松散，叶色变淡，叶尖红色减退	过于荫蔽
植株腐烂	浇水过多或雨淋，夏季闷热潮湿时更易发生

- 扦插和分株繁殖：植株周围易生小莲座，将小莲座剪下，晾干伤口后扦插。以后保持温度 18 ~ 22℃和稍潮润的环境，经 2 ~ 3 周可生根。如小叶盘生有根系，可直接上盆。
- 播种繁殖：种子细小，播时不覆土。播后在 20℃左右温度下，经 10 ~ 15 天发芽。
- 生长适温为 18 ~ 22℃，春季是主要生长期。
- 喜阳，光照充足时株形紧凑、叶片肥厚、叶色亮丽。半阴处也能生长，但植株徒长、株形松散、叶色变淡，叶尖的红色减退。
- 浇水应“不干不浇，浇则浇透”，忌积水和过湿，否则易烂根；也不宜过干，否则生长缓慢、叶色暗淡，缺乏生机。
- 每 2 ~ 3 周施 1 次高磷钾低氮的薄肥，肥水不宜浓，氮肥不能多，以免引起徒长。
- 每 1 ~ 2 年翻盆 1 次。喜疏松肥沃和排水良好的砂质壤土，基质可用腐叶土 2 份，粗砂、蛭石各 1 份配制，并拌入少量骨粉。

- 喜凉爽，不耐热，5 月温度升高，生长逐渐停止而进入休眠，应采取遮阴、加强通风等措施，营造凉爽环境。
- 遮阴，避免烈日曝晒。
- 保持盆土适度干燥，并防雨淋，以免闷热潮湿引起腐烂。同时停止施肥。

- 也是生长适期，应给予充足阳光。
- 浇水应“不干不浇，浇则浇透”，每 2 ~ 3 周施 1 次高磷钾低氮的薄肥。

- 稍耐寒，控水时可忍耐 2℃低温；但最好保持 5℃以上。
- 给予充足阳光，节制浇水，停止施肥。

红卷绢

红卷绢

学　名　*Sempervivum arachnoideum* ‘Rubrum’

科属名　景天科长生草属

卷绢

卷绢缀化

形态特征　多年生草本，为卷绢的栽培品种。植株呈垫状生长。叶片匙形，排列呈莲座状，暗红色，叶端有白色短丝毛，在顶部联结，犹如蜘蛛网。夏季开花，花淡粉红色。原种卷绢（*S. arachnoideum*），又名蛛网长生草、蛛丝卷绢，叶盘小，叶倒卵形，绿色，叶尖有白毛，在顶部联结如蛛网。有缀化品种。

欣　　赏　植株低矮如垫，株形整齐玲珑，色彩鲜艳夺目，特别是叶片顶部的白色短丝毛相互联结如蛛丝网，奇特而别致，是长生草属的经典种类，也是欧洲高山性多肉植物的代表。

习性分类　中间型。

常见问题	原　因
叶片上的暗红色褪淡，甚至变绿	光线不足
叶面上出现难看的斑点	施肥时肥液溅到叶面上

春季

- 分株和扦插繁殖：植株基部会产生蘖株，长大时剪下晾 1 ~ 2 天。有根者可上盆；无根者则扦插，保持介质稍湿，经 2 ~ 3 周发根。
- 播种繁殖：种子小，播后不覆土。发芽适温 20 ~ 22℃，经 10 ~ 12 天发芽。
- 喜阳，给予充足光照。半阴处也能生长，但叶上的暗红色会褪淡变绿。
- 浇水应“不干不浇，浇则浇透”。水分多时叶片生长快，叶距拉大，严重时还会引起烂根。
- 生长适温为 18 ~ 22℃，春季是生长期，每半月施 1 次磷钾为主的肥料。氮肥不宜多，否则易徒长。要避免肥液溅到叶面上，否则会形成难看的斑纹。

光照不足，叶片上红色会褪淡

- 每 1 ~ 2 年翻盆 1 次，基质可用腐叶土 2 份、泥炭土 2 份、砂 1 份和少许木炭配制。种植盆不宜大。

夏季

- 为高山型多肉植物，喜凉冷，对高温敏感。酷暑闷热时有很长休眠期。
- 进行遮阴。注意空气流通，节制浇水，防止雨淋，避免闷热潮湿导致腐烂。同时停止施肥。

秋季

- 给予充足光照。
- 此时也是植株生长期，根据“不干不浇，浇则浇透”的要求浇水，并每半月施 1 次磷钾为主的肥料。

冬季

- 不耐寒，越冬温度应保持在 5℃以上。同时给予充足光照。
- 减少浇水，保持土壤干燥，同时停止施肥。低温而盆土过湿时，易引起烂根。

御所锦

学　名 *Adromischus maculatus*

科属名 景天科天锦章属

别　名 褐斑天锦章

形态特征　多年生植物。叶圆形或倒卵形，对生，无柄，绿色，布满紫褐色斑点。夏季开花，花瓣下白上紫。

欣　　赏　植株小巧秀雅，叶形奇特别致，叶色斑驳可爱，而且生性强健，容易栽培，适宜家庭种植，可点缀窗台、几案、书桌等处。

习性分类　夏型种。

常见问题	原　　因
叶片斑纹褪色而变得不明显	光照过烈或过弱
植株腐烂	盆土过湿

春季

御所锦叶插

- 扦插繁殖：剪取带有叶子的短茎，切口干燥后插于苗床。在半阴、20 ~ 25 ℃和稍湿润条件下，经 18 ~ 20 天生根。也可叶插，约半个月可生根发芽。
- 播种繁殖：发芽适温 20 ~ 24℃，播后 14 ~ 21 天发芽。
- 喜阳，耐半阴，应给予充足阳光。
- 喜干燥，耐干旱，忌水湿。浇水应掌握“干湿相间”，盆土过湿，植株易腐烂；空气干燥时，应经常向植株喷水。
- 春季为主要生长期。每 15 ~ 20 天追施 1 次低氮高磷钾的肥料。
- 每 1 ~ 2 年翻盆 1 次。基质可用腐叶土、蛭石、粗砂或珍珠岩混合配制，并拌入少量骨粉。株形不大、根系较浅，宜用小而浅的盆栽种。

夏季

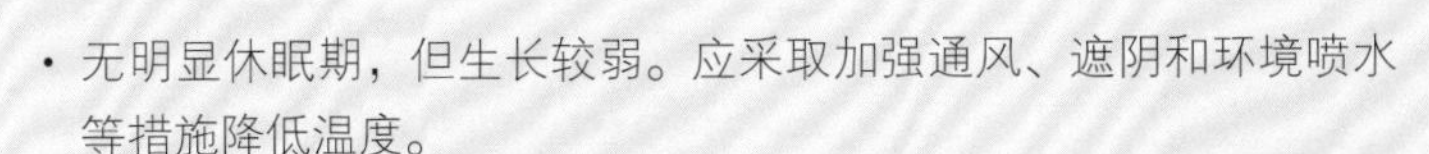

- 无明显休眠期，但生长较弱。应采取加强通风、遮阴和环境喷水等措施降低温度。
- 畏烈日曝晒，应注意通风并遮阴，但忌过于荫蔽。光照过烈和过弱，都会使叶片上的斑纹褪色。
- 按“干湿相间”的要求浇水，并停止施肥。

秋季

- 也是生长适期，应给予充足阳光。
- 按“干湿相间”的要求浇水,每 15 ~ 20 天施 1 次低氮高磷钾的肥料。

冬季

- 不耐寒，盆土干燥时可忍耐 3 ~ 5℃的低温。
- 给予充足阳光，节制浇水，保持盆土干燥，并停止施肥。

熊童子

熊童子

学　名　*Cotyledon ladismithen*

科属名　景天科银波锦属

别　名　毛叶银波锦

熊童子锦（白锦）

熊童子锦（黄锦）

形态特征　多年生小型植物。多分枝。叶片对生，倒卵状球形，顶部叶缘具缺刻，灰绿色，表面密生白色短绒毛。夏末至秋季开花，花下垂，红色。有斑锦品种熊童子锦（'Variegata'），叶片上镶嵌有黄色或白色斑块，具黄斑的称黄锦，具白斑的称白锦。

欣　　赏　植株秀雅玲珑，毛茸茸的叶片酷似小熊的脚掌，新奇别致而可爱。熊童子锦的叶片上镶嵌有黄色或白色斑块，更是绚丽多彩。适合家庭点缀窗台、几案、书桌等处，尤宜布置儿童居室。

习性分类　夏型种。

常见问题	原　因
斑锦品种斑纹不艳	①施用氮肥过多；②光照过差
植株烂根	盆土过湿，夏季高温高湿时尤易发生

春季

- 扦插繁殖：剪取健壮、长 5 ~ 7 厘米的枝梢作插穗，晾干伤口后插于苗床。经 2 ~ 3 周可生根。也可叶插，但成形慢。熊童子锦不宜用叶插法，否则后代会“返祖”。
- 播种繁殖：室内盆播，发芽适温为 19 ~ 24℃。
- 喜充足阳光，耐半阴，需给予充足光照。
- 喜干燥，耐干旱，忌水湿。浇水应避免淋湿叶面，也不要喷叶面水，同时防止雨淋，否则叶片会产生难看的水渍斑。
- 生长适温为 18 ~ 24℃，春季为主要生长期。较喜肥，每月追施 1 次肥料。斑锦品种应增施磷钾肥，使叶色亮丽。
- 生长多年的植株茎干越来越长，并基部空颓。应将过高的枝条短剪压低。
- 每 1 ~ 2 年翻盆 1 次，喜具中等肥力和排水良好的砂质土壤，基质可用腐叶土、园土、粗砂或珍珠岩各 1 份混合配制，并拌入少量骨粉和有机肥。由于株形不大，宜用口径 10 ~ 12 厘米的花盆栽种。

季

- 喜凉爽，忌酷热，也畏烈日曝晒。温度超过 30℃时生长停滞，应采取加强通风、遮阴和环境喷水等措施降低温度。
- 控制浇水，停止施肥，否则根系易腐烂。

季

- 也为主要生长期，可进行扦插。
- 给予充足光照，浇水不需多，每月施 1 次磷钾为主的肥料。
- 植株长至 10 厘米左右时，应进行摘心，以促发分枝。

季

- 不耐寒，越冬温度保持 10℃以上。控水后能忍耐 5℃的低温。
- 给予充足光照，节制浇水，保持盆土干燥，并停止施肥。

子持年华

学　名	*Orostachys boehmeri*
科属名	景天科瓦松属
别　名	千手观音，子持莲花

形态特征　小型多年生植物。多分枝，茎纤细。叶片圆形或卵圆形，莲座状，灰蓝绿色，被白粉，叶腋具走茎，并在顶端生有仔株。夏秋开花，花白色。

欣　　赏　株形小巧秀雅，叶色美观素净，叶腋向四周放射状长出的小株犹如天女散花，更是独特洒脱，令人喜爱。可用小盆栽植摆放于窗台、阳台、书桌等处供观赏。

习性分类　夏型种。

常见问题	原　因
株形松散，茎间拔长	光照过弱
烂根	盆土过湿，夏季浇水太多时易发生

春季

- 分株或扦插繁殖：叶腋具走茎，并在顶端生有仔株，可将生根的仔株剪下栽植，未生根的进行扦插。
- 播种繁殖：发芽适温为 13 ~ 18℃。
- 喜阳，也可在半阴或充足散射光下生长。但过于荫蔽时株形松散、茎间拔长，失去美感。
- 喜干燥，耐干旱，忌水湿。浇水要“干透浇透”，防止浇水过多引起烂根。同时每月追施 1 次肥料。
- 每年翻盆 1 次，喜肥沃疏松和排水良好的砂质土壤，基质可用泥炭、蛭石和珍珠岩的混合土，并拌入少量有机肥。株形不大，宜用口径 8 ~ 10 厘米的花盆栽种。

夏季

- 生长适温为 18 ~ 28℃，此期植株不休眠并继续生长。
- 畏烈日曝晒，应注意通风并遮阴，以免烈日灼伤植株。
- 根据“干透浇透”的要求浇水，高温潮湿植株易腐烂。干燥时多喷叶面水，可使叶色清新润泽。但应停止施肥。
- 植株开花后死亡，可在开花初剪去花穗。

秋季

- 给予充足阳光或置充足散射光处。
- 根据“干透浇透”的要求浇水，并每月追施 1 次磷钾为主的肥料。

冬季

- 不耐寒，越冬温度保持 5℃以上。休眠植株会紧缩成卷心菜状，至翌春逐渐恢复原状。
- 节制浇水，保持盆土干燥，停止施肥。

库拉索芦荟

中国芦荟

学　名　*Aloe vera* var. *chinensis*

科属名　百合科芦荟属

别　名　油葱，斑纹芦荟

中国芦荟

形态特征　多年生草本，我国民间普遍栽培。叶肥厚，稍两列，狭长披针形，边缘有肉质刺齿，基部包茎，粉绿色。冬春开花，花浅黄有红斑。原种为库拉索芦荟（A. *vera*），又称美国芦荟。

欣　　赏　株形奇异，叶色斑斓，花色艳丽，是花叶俱佳的多肉植物；繁殖和栽培容易，即使在干燥的阳台上也能良好生长。

习性分类　夏型种。

常见问题	原　因
植株瘦弱，颜色浅淡，不开花	光照不足
叶缘、叶尖出现半圆形黑褐色小斑，后病斑中部下陷，边缘隆起	为感染炭疽病所致，高温高湿且不通风、施用氮肥过多、盆土过湿时容易发生

春季

- 分株繁殖：植株易萌生小植株，用利刀割下，尽量多带根系，然后种植。
- 扦插繁殖：剪下茎干端部，放阴凉处1～2天后插于基质。在20～28℃和湿润环境下，经2周可生根。
- 喜阳，给予充足阳光。光照越足，叶色越美丽，且株形矮壮、紧凑。过阴时植株瘦弱，颜色浅淡，且不易开花。
- 耐干旱，忌湿涝。浇水应“不干不浇，宁干勿湿”，并避免淋雨，盆土过湿易烂根。
- 对肥料要求不多，每月追施1次以氮为主的肥料。
- 每1～2年翻盆1次。喜肥沃疏松和排水良好的微酸性土壤。基质用腐叶土、园土、泥炭土、河砂等材料配制，并加入少量骨粉和石灰质。栽植不宜深，不要把下面叶片埋入土中，以免引起叶片腐烂。

季

- 适当遮阴，避免强烈阳光灼伤茎叶。
- 有短暂的休眠期，要控制水分，浇水过多易烂根死亡。同时停止施肥。
- 通风不良和过于潮湿时易患黑斑病，发生时可喷洒70%代森锰锌可湿粉剂600倍液防治。

季

- 给予充足阳光。
- 浇水应“不干不浇，宁干勿湿”，每月追施1次磷钾为主的肥料。

季

- 有一定抗寒力，能忍耐短期0℃低温，但最好不低于5℃。
- 给予充足阳光，控制浇水，停止施肥。

翠花掌

翠花掌

学　名　*Aloe variegate*

科属名　百合科芦荟属

别　名　千代田锦，斑纹芦荟

千代田之光

形态特征　多年生植物。叶呈三出覆瓦状排列，叶片三角剑形，下凹呈“V”形，叶缘密生白色肉质刺，深绿色，有横向排列的银白色或灰白色斑纹。冬春开花，小花橙红色。有斑锦品种千代田之光（f. *variegata*），叶上有纵向黄色斑纹。

欣　　赏　株形优雅，叶色斑斓，花朵鲜艳，既可观叶又能赏花，是芦荟属最富观赏性的植物种类。斑锦品种‘千代田之光’叶色斑斓，观赏性更佳，为芦荟中的珍贵品种。

习性分类　冬型种。

常见问题	原　因
播种苗腐烂	幼苗较柔嫩，浇水如冲淋时极易引起
叶片萎软变红	浇水过少而根系受到破坏

- 分株繁殖：根部易萌蘖芽，将分蘖挖出，尽可能多带根，晾 1 ~ 2 天后栽植。无根分蘖需扦插，也容易生根。
- 扦插繁殖：将老株上部切下，晾 1 周左右，伤口干燥后插于苗床。
- 播种繁殖：种子发芽适温为 22 ~ 24℃，播后约 2 周发芽。
- 喜阳，耐半阴。应置阳光充足处，在无直射阳光但光线明亮处也能良好生长。
- 喜干燥，耐干旱。因生长迅速，应充分供给水分。浇水过少，根系易受破坏，叶片萎软变红。但忌过湿和积水，否则会烂根。‘千代田之光’生长缓慢，浇水要少些。
- 每 10 天施 1 次薄肥。‘千代田之光’生长较慢，施肥适当减少。
- 如不留种，花谢后及时剪去残花，以免结果而消耗养分。
- 每年翻盆 1 次。喜疏松肥沃、排水良好并含有适量石灰质的砂质壤土，基质可用腐叶土 3 份、园土 2 份、粗砂 3 份配制，并掺入少量石灰质材料。种植盆不宜大。

- 生长缓慢或停止，需置通风凉爽处养护。
- 忌强光曝晒，需遮阴；
- 注意通风并适当节水，叶心不要积水，以免引起腐烂。同时停止施肥。

- 给予充足阳光。
- 充分供水而不过湿，每 10 天施 1 次薄肥。

- 如温度保持 10℃以上，植株可继续生长。不耐寒，越冬温度不低于 8℃。节制浇水时可忍耐 3 ~ 5℃的低温。
- 给予充足阳光，低温时控制浇水，并停止施肥。

不夜城芦荟

不夜城锦

不夜城芦荟

学　名	*Aloe nobilis*
科属名	百合科芦荟属
别　名	不夜城，大翠盘

形态特征　多年生草本。茎粗壮。叶三角状披针形，新叶叶缘有白色齿。冬末至早春开花，小花橙红色。有斑锦品种‘不夜城锦’（f. *variegata*），叶片有黄色或黄白色纵条纹。

欣　　赏　植株清新雅致，株形优美紧凑，叶色碧绿宜人，是观赏芦荟中的佳品。尤其是不夜城锦的叶色斑驳，富于变化，陈设于室内更为时尚高雅，别有情趣。

习性分类　冬型种。

常见问题	原　因
叶面具斑纹的种类色彩不明显	①施用氮肥过多；②光线过于荫蔽
叶片出现黑褐色圆形斑点	为感染褐斑病所致

春季

- 分株繁殖：植株基部易生蘖株，可将蘖株割下栽种。‘不夜城锦’不宜用全部黄色的蘖株分株栽植，否则很难成活。
- 扦插繁殖：将植株上部截去后晾 10 天左右，待伤口干燥后扦插，经 3 ~ 4 周可生根。
- 喜充足柔和的阳光，耐半阴。光照充足时生长健壮、株形紧凑。光照不足时植株徒长、株形松散、叶片变薄，斑锦品种则色彩褪淡。
- 生长适温为 20 ~ 28℃，春季为生长旺期。浇水应“不干不浇、浇则浇透”，忌过湿和积水，否则会烂根。每 15 ~ 20 天追施 1 次稀薄复合肥，同时经常向叶面喷水，空气湿润时叶片肥厚翠绿。
- 每年翻盆 1 次。喜疏松肥沃、排水良好的砂质壤土，基质可用泥炭土、河砂或蛭石各 2 份，园土 1 份配制，另加少量骨粉或草木灰作基肥。

夏季

- 不耐高温，‘不夜城锦’生长势较弱，对高温的抗性更差。应采取通风、遮阴和喷水等措施降温，以免因闷热、潮湿而导致植株腐烂。并停止施肥。
- 忌烈日曝晒，应遮光。遭曝晒时，叶色呈褐绿色，并出现黑斑。

秋季

- 给予充足阳光或散射光。
- 浇水应“不干不浇、浇则浇透”，同时每 15 ~ 20 天施 1 次薄肥。

冬季

- 温度不低于 10℃时，植株继续生长。不耐寒，越冬温度保持 5℃以上。‘不夜城锦’对寒冷的抗性差些，应保持 7℃以上。
- 低温时节制浇水，保持盆土较为干燥的状态。温度低于 10℃时，停止施肥。

卧牛

卧牛

学　名　*Gasteria armstrongii*

科属名　百合科沙鱼掌属

别　名　厚舌草

卧牛锦

形态特征　多年生植物。茎短。叶舌状，坚硬肥厚，呈两列叠生，叶面墨绿色，粗糙，被白色小疣，叶缘角质化。春末至夏季开花，花小，上红下绿。有斑锦品种卧牛锦（f. *variegata*），叶深绿色，镶嵌有纵向黄色条纹。

欣赏　是沙鱼掌最著名的种类，以生长缓慢而著称，长出一片成叶需2年左右，即使长年摆放，形态也变化不大，因而深受爱好者喜爱。叶片肥厚粗糙，株形奇特，犹如一件充满生命气息的工艺品。

习性分类　中间型。

常见问题	原　因
叶色发红，叶片灼伤	强光直射
植株暗淡无光，叶片徒长；斑叶种斑纹褪淡	光线过差

春季

- 分株繁殖：将蘖生小株掰下，直接植于盆中。
- 扦插繁殖：用叶插法。将舌状叶带角质化部分一起切下，晾 5 ~ 7 天，切口干燥后插于苗床。以后介质不宜过湿，并保持温度 20 ~ 24℃，经 15 ~ 20 天可生根。
- 播种繁殖：播后保持 18 ~ 21℃的适温和介质湿润，经 10 ~ 12 天可发芽。斑叶种播种所得后代会出现“返祖”现象。
- 喜阳，耐半阴。给予充足光照，可使叶片短而肥厚、叶色深绿。光线不足时暗淡无光泽、叶片徒长，斑叶种叶片上的黄色斑纹褪淡。
- 喜干燥，耐干旱，忌水湿。浇水应掌握“干湿相间”，避免因过湿引起烂根。
- 春季是生长旺期，但因生长慢，对肥料要求不多，每月追施 1 次薄肥。斑叶种适当增施磷钾肥，可使斑纹亮丽。
- 每 2 ~ 3 年翻盆 1 次。基质可用腐叶土 2 份、园土 1 份、粗砂或蛭石 3 份配制，并掺入少量石灰质材料。

夏季

- 喜凉爽，忌高温，植株进入休眠。应置通风良好的半阴处，并经常喷水，以降低温度。
- 遮阴，避免强光直射而使叶色发红，甚至灼伤叶片。
- 节制浇水，以免闷热潮湿引起植株腐烂，同时停止施肥。干燥时经常喷水，可使叶色清新润泽，斑叶种色彩更鲜丽。

秋季

- 也是生长旺期，给予充足的光照。
- 每月追施 1 次薄肥。适当增施磷钾肥，可使斑纹亮丽，并利于安全越冬。

冬季

- 不耐寒，越冬温度不低于 5℃。温度也不宜高，以维持 5 ~ 10℃为好。
- 置室内阳光充足处，减少浇水，保持盆土干燥，并停止施肥。

条纹十二卷

白帝

条纹十二卷

学　名	*Haworthia fasciata*
科属名	百合科十二卷属
别　名	锦鸡尾，十二卷

形态特征　多年生植物。叶莲座状，三角状披针形，叶背龙骨状，绿色，具白色疣状突起，并排列呈横条状。夏季开花，花白色。有斑锦品种白帝（'Albovariegata'），叶有纵向条纹。

欣　　赏　株形奇特，其叶极似一把把锉刀，又如一枚枚雉鸡的尾羽，奇特而富有趣味。栽养容易，在室内散射光充足处能正常生长，是爱好者广为栽植的小型多肉植物。

习性分类　中间型。

常见问题	原　因
绿色叶片变成红色，甚至枯黄	光照过烈
根部腐烂，叶片萎缩	盆土过湿，排水不良

季

- 分株繁殖：株旁会生萌蘖，结合翻盆将小株切离，晾干伤口后栽植。
- 扦插繁殖：将肉质叶从基部切下，插于基质，经 20 ~ 25 天可生根并发芽。
- 喜阳，耐半阴，应给予充足的阳光。
- 喜干燥，耐干旱，忌水湿。浇水应掌握“干湿相间而偏干”，盆土过湿会导致烂根。经常喷洒叶面水，空气过干会引起叶尖干枯、叶片干瘪、叶色暗淡不鲜亮。
- 春季为旺盛生长期。不太好肥，每月追施 1 次氮磷钾结合的肥料。
- 每 2 年翻盆 1 次。喜肥沃疏松和排水良好的砂质土壤，基质可用腐叶土与粗砂等材料配制。根系浅，盆栽不宜深。

季

- 高温时植株半休眠，应控制浇水，并停止施肥。
- 忌强光曝晒，强光直射时叶片变成红色，甚至枯黄。应给予遮阴，或置散射光充足处。亦不宜过阴，否则叶片生长不良而缩小。

季

- 给予充足阳光。
- 也是生长旺期，浇水应掌握“干湿相间而偏干”，每月追施 1 次磷钾为主的肥料，以利安全越冬。

季

- 不耐寒，安全越冬温度为 5℃。
- 给予充足的阳光，控制浇水，停止施肥。

九层塔

九层塔锦

九层塔

学　名 *Haworthia reinwardtii* var. *chalwinii*

科属名 百合科十二卷属

别　名 霜百合

形态特征 多年生植物。叶螺旋状排列，先端急尖，向内侧弯曲，叶背有大而明显的白色疣点，呈纵向排列。春季开花，花淡粉白色。有斑锦品种九轮塔锦（'Variegata'），叶片镶嵌有黄色晕纹。

欣　　赏 株形小巧，叶质坚硬，形似圆柱状的植株犹如一座微型的宝塔，极富个性和别样的韵味，宜作小型盆栽点缀窗台和几桌。

习性分类 中间型。

常见问题	原　因
外围叶片和叶尖发黑干枯	①温度过低；②空气干燥
植株徒长倒伏，发黄腐烂	盆土过湿

春季

- 分株繁殖：植株易生蘖株，将小株切下，晾干伤口后栽植。

九层塔分株

- 扦插繁殖：将植株上端切下，晾干后插于苗床，约 3 周可生根。
- 播种繁殖：发芽适温为 21 ～ 24℃，播后约半个月发芽。
- 喜充足柔和的阳光，耐半阴，应给予充足阳光。过阴时株形松散、叶片变薄、叶上的疣突稀少而不明显。
- 浇水应掌握“干湿相间”，盆土过湿时植株徒长，甚至发黄腐烂。
- 春季是主要生长期，每月追施 1 次氮磷钾结合的肥料。
- 每 1 ～ 2 年翻盆 1 次，喜含适量石灰质和有颗粒度的砂质土壤，基质可用腐叶土与蛭石、粗砂等配制，并掺入少量石灰质材料。

夏季

- 不耐高温，高温时植株半休眠。应遮阴和加强通风，防止闷热潮湿引起植株腐烂。
- 忌强光曝晒，应遮阴，或将植株置于散射光充足处。
- 生长缓慢甚至完全停滞，应控制浇水，停止施肥，经常向植株喷水。

秋季

- 给予充足阳光。
- 也是主要生长期，浇水应“干湿相间”，每月追施 1 次氮磷钾结合的肥料。

冬季

- 不耐寒，安全越冬温度为 10℃，控制浇水时可忍耐 5℃的低温。
- 给予充足阳光，节制浇水，停止施肥。

琉璃殿

琉璃殿

学　名　*Haworthia limifolia*

科属名　百合科十二卷属

别　名　旋叶鹰爪草

琉璃殿之光

形态特征　多年生小型植物。叶盘莲座状，呈顺时针螺旋状排列。叶卵圆状三角形，正面凹，背面圆凸，深绿色或灰绿，密布凸起横条。夏季开花，白色。有斑锦品种琉璃殿之光（‘Variegata’），又名琉璃殿锦，叶有纵向、宽窄不一的黄白色条纹。

欣　　赏　叶片向一侧偏转，整个植株犹如旋转的风车；叶片上瓦楞状凸起的小疣酷似屋面上铺设的一条条琉璃瓦，奇特而有趣。‘琉璃殿之光’的叶片黄绿相间，更具观赏性，是多肉植物斑锦种中的珍品。

习性分类　夏型种。

常见问题	原　因
叶插时叶片生根，但不发芽	扦插过深
叶片干尖，叶色发红，有黑色或白黄色的斑痕	光照过烈

春季

- 分株繁殖：将母株旁小株切下，切口干燥后直接栽植。
- 扦插繁殖：用叶插法。取肉质叶晾 2 ~ 3 天后斜插于砂床。扦插不宜深，否则不易发芽。经 20 ~ 25 天可生根。
- 喜充足而柔和的阳光，应给予充足的阳光。
- 喜干燥，耐干旱，浇水要“干湿相间”。过干时生长缓慢或停滞，根部萎缩，叶片干瘪呈暗红或深褐色，并缺乏生机。过湿则造成根部腐烂。
- 因生长缓慢，需肥不多，每月宜施薄肥 1 次。斑锦品种增施磷钾肥，使叶色鲜丽。
- 根系会分泌酸性物质，使盆土酸化，造成根系枯萎，应每年翻盆 1 次。基质宜含适量石灰质并具较粗颗粒度，可用腐叶土 2 份、园土 1 份、粗砂 3 份配制，并拌入少量石灰质材料。

夏季

- 怕酷热，虽植株不休眠，但生长缓慢，应置通风凉爽而散射光充足处，避免闷热潮湿。

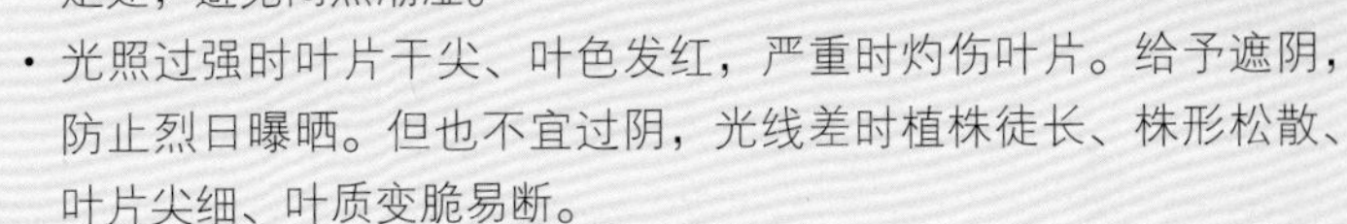

- 光照过强时叶片干尖、叶色发红，严重时灼伤叶片。给予遮阴，防止烈日曝晒。但也不宜过阴，光线差时植株徒长、株形松散、叶片尖细、叶质变脆易断。
- 减少浇水，避免雨淋，以防高温多湿引起烂根。经常向叶面喷雾，使叶片肥厚饱满、色泽亮丽。

秋季

- 给予充足阳光或散射光。
- 浇水要“干湿相间”，每月施薄肥 1 次。

冬季

- 稍耐寒，安全越冬温度为 5℃，节制浇水时可忍耐 3℃甚至短期 0℃的低温，但低于 5℃时叶尖易干枯。
- 给予充足的阳光，节制浇水，停止施肥。

截形十二卷

截形十二卷

学　名	*Haworthia truncate*
科属名	百合科十二卷属
别　名	玉扇，截枝锦鸡尾

玉扇锦

形态特征　多年生小型植物。叶排列成2列，直立稍向内弯，顶部截形，稍凹陷，截面部分似玻璃状透明。夏秋季开花，小花白色。有斑锦品种玉扇锦（'Variegata'），叶片上有黄色或粉红色、白色斑纹。

欣　　赏　有近1 000个园艺品种，以植株低矮、叶片肥厚、排列整齐紧凑而有序、'窗'面大而透明度高、花纹清晰者为佳品。本种的叶片呈"一"字形排列，好似一把展开的扇子；顶部又似被刀截断而成，透明如窗的顶端布满各种花纹，整个植株精巧雅致，犹如碧玉雕就的工艺品，为十二卷属中的稀有观赏种类。

习性分类　冬型种。

常见问题	原　因
株形松散，叶片徒长，"窗"面小而浑浊	光照过于荫蔽
植株烂根	浇水过多，夏季闷热潮湿时极易发生

- 分株繁殖：将大株上旁生的幼株切离后盆栽。
- 扦插繁殖：用叶插法，掰取健壮叶片，基部需带半木质化部分，伤口干燥后斜插或平放于苗床，并使基部与基质紧密接触。插后保持湿润和 20 ~ 25℃的温度，经 1 个月可生根长芽。也可根插，将壮实的根自根基处切下，埋入介质并露出顶部，经 1 ~ 2 个月顶部会萌生新芽。
- 播种繁殖：发芽适温为 21 ~ 25℃，经 7 ~ 10 天出苗。
- 喜柔和充足的阳光，耐半阴，应给予充足的阳光。光照不足时株形松散，叶片徒长，“窗”面小而浑浊，植株品相差。
- 耐干旱，忌积水。叶片蒸发量不大，浇水不宜多，否则易烂根。每半月追施 1 次薄肥。
- 每年翻盆 1 次。喜肥沃疏松和排水好的砂质壤土，基质可用腐叶土、砂质土和蛭石配制，也可用赤玉土种植。根系发达，种植盆应适当深些。

- 喜凉爽，忌酷暑。高温时植株半休眠，生长缓慢或停滞，应将其置于通风凉爽处。
- 忌强烈阳光，在强光下叶片生长不良，并变成淡红色。应遮阴。
- 控制浇水，盆土干时可喷水，使盆土稍呈湿润。闷热潮湿易引起植株腐烂。经常向植株喷水，但不要让水长时间滞留于叶面，以免引起腐烂。同时停止施肥。

- 也为生长适期，可进行翻盆。
- 给予充足阳光，浇水不宜多，每半月追施 1 次薄肥。

- 保持 10℃以上植株可继续生长。不耐寒，越冬温度不低于 10℃。控制浇水时能耐 5℃甚至短期 0℃的低温。
- 减少浇水，让植株休眠，以利安全越冬，并停止施肥。

寿

寿

学　名　*Haworthia retusa*

科属名　百合科十二卷属

别　名　透明宝草

寿锦

形态特征　多年生草本。植株矮小。叶片深绿色，排列成轮状，顶端反卷呈三角形，叶端急尖，截面较平，稍透明，脉纹明显。冬末春初开花，花白色。有斑锦品种寿锦（'Variegata'），部分叶片呈黄白色，脉纹清晰。

欣　　赏　其园艺种、杂交种、变异种极多，叶色、叶形、叶片大小各有差异，但以株形端正、叶片肥厚、纹理清晰，"窗"的透明度高为佳；部分变异种的叶片会出现黄斑，更是稀有美丽。本种的叶顶端反卷呈三角状，外形十分奇特，具有较高的观赏价值。用小盆栽种，玲珑可爱，如同有生命的工艺品，很有特色。

习性分类　中间型。

常见问题	原　　因
叶片徒长，褪色	光照不足
新分栽的植株腐烂	①分株伤口未消毒与阴干，应在伤口涂上硫磺粉并阴干后栽种；②浇水过多

春季

- 分株繁殖：将萌生幼株剥下，阴干 1 周后栽种。
- 叶插繁殖：取下健壮叶片，伤口变干后插于苗床，约 1 个月可生根长芽。
- 播种繁殖：发芽适温为 20℃，播后 20 ~ 30 天可发芽。
- 喜半阴，应置光线明亮而无直射光处，可保持良好株形。
- 喜干燥，耐干旱。浇水应掌握“不干不浇”，保持盆土湿润，也忌浇水过多、过干，盆土长期缺水会使叶片萎缩。经常向四周喷水，可使叶片充实饱满、叶色润泽。
- 生长适温为 21 ~ 25℃，春季为生长期。每 20 天施肥 1 次，应薄肥勤施，肥液过浓易引起植株烂根。
- 每 1 ~ 2 年翻盆 1 次，喜疏松、排水透气性良好的弱酸性至中性砂质土壤，基质用粗砂或蛭石、珍珠岩，掺入一半的泥炭土配制，并加入少量的骨粉。为浅根性植物，栽植不宜过深。

- 忌酷热，高温时呈半休眠，生长缓慢或停止；超过 30℃且强光直射时，叶片会泛红。应采取遮阴、加强通风、喷水等措施营造凉爽环境，避免闷热潮湿引起植株腐烂。
- 怕强光曝晒，烈日直射会使叶片因日灼而出现褐斑，应进行遮阴。也忌过阴，光线不足叶片徒长褪色。
- 控制浇水，防止淋雨。高温高湿而通风不良时，易致植株烂根。同时停止施肥。

季

- 置光线明亮而无直射阳光处。
- 也是生长适期，浇水应“不干不浇”，每 20 天追施 1 次薄肥。

季

- 不耐寒，越冬温度不低于 10℃。在土壤干燥环境下能忍受 3 ~ 4℃的低温。
- 给予充足阳光，控制浇水，停止施肥。

玉露

玉露

学　名 *Haworthia obtusa* var. *pilifera*

科属名 百合科十二卷属

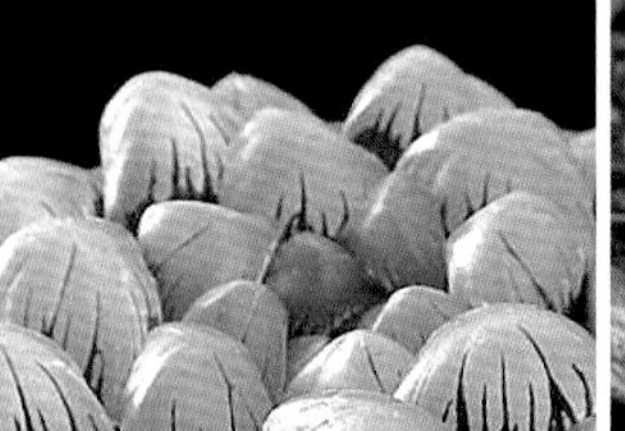
紫玉露

玉露锦

形态特征　多年生草本。叶莲座状排列，亮绿色，先端肥大呈圆头状，透明或半透明状，有绿色脉纹，顶端有细小的“须”。变种及园艺种很多，常见的有紫玉露（烈日曝晒时肉质叶呈淡紫色，置荫蔽处恢复成绿色）和玉露锦（斑锦品种，叶片上有白色或黄色斑纹）。

欣赏　植株玲珑小巧，叶色晶莹剔透，十分可爱。是适合家庭装饰的小型多肉植物种类，可陈设于窗台、案头、书桌、阳台等处。

习性分类　中间型。

常见问题	原　因
叶片生长不良,呈浅红褐色并失去光泽,有难看的斑痕	光照过烈
生长停滞，叶片干瘪，根部老化中空	长期不翻盆，植株根系分泌酸性物质使土壤酸化

季

- 分株繁殖：挖取母株旁的幼株栽种。无根的晾 1 ~ 2 天，等伤口干燥后扦插。无根的可用于扦插
- 扦插繁殖：选择健壮肉质叶叶插，插后保持湿润，叶基易生根出芽。
- 春季是主要生长季，每月施 1 次低氮高磷钾薄肥。
- 置向阳或散射光明亮处。过阴时株形松散，“窗”的透明度差。
- 喜干燥，耐干旱，浇水应“不干不浇”，忌过湿和长期雨淋，否则易烂根。干燥时经常喷水，使叶片饱满、色彩翠绿，“窗”的透明度增加。
- 每年翻盆 1 次。新栽植株少浇水、多喷水，以利恢复生长。基质应有一定颗粒度，栽植宜用小而浅的盆。

季

- 不耐酷暑潮湿，高温时生长缓慢或停滞，应采取遮阴、喷水和通风等措施营造凉爽环境。
- 遮阴，强光直射时叶片呈浅红褐色并失去光泽，甚至灼伤叶片。
- 停止施肥，节制浇水。
- 开花初期剪去花葶，以免消耗养分。

季

- 也是生长季节，每月施 1 次低氮高磷钾肥料。
- 浇水应“干透浇透”，防止盆土过湿和积水，经常向环境喷水。
- 播种：种子成熟后随即播种，播后在盆面盖玻璃保湿，约 20 天出苗。

季

- 不耐寒，但在节制浇水时能忍耐 5℃低温。
- 给予充足光照，节制浇水，停止施肥。

小苍角殿

学　名　*Albuca humilis*

科属名　风信子科弹簧草属

别　名　螺旋草，哨兵花，弹簧草

形态特征　多年生植物，是近年新引进的小型盆栽。具圆形或不规则鳞茎。叶细长条形，先直立，后扭曲盘旋生长。春季开花，小花黄绿色。

欣　　赏　株形紧凑，姿态独特，鳞茎古朴；扭曲盘旋的叶片或像弹簧，或像水中飘逸的海带，或像卷曲的长发，线条流畅飘逸，富于变化，奇特而有趣；花色淡雅而清新，适合用小盆栽种点缀窗台、几案等处。

习性分类　冬型种。

常见问题	原　　因
植株徒长，叶片长而细弱，卷曲度差	光照过差
叶片顶端干枯、发黄、枯萎	盆土过干

春季

- 光照充足时才能开花，阴雨天或光照不足时难以开花。忌烈日曝晒，4 月后要遮阴，以免烈日曝晒引起叶尖干枯。
- 温度升高而地上部枯萎时，要控制浇水和避免雨淋，保持干燥和通风，避免鳞茎腐烂。但盆土过干，鳞茎易干枯。
- 花葶抽出后，喷施 0.3% 的磷酸二氢钾溶液 2 ~ 3 次，使开花繁盛。开花后再施 1 ~ 2 次以钾为主的肥料，利于鳞茎膨大。

夏季

- 忌高温和闷热，5 月中下旬随温度升高，叶片逐渐枯萎并进入休眠。
- 减少浇水，停止施肥，以避免植株烂根。
- 休眠后剪去枯叶，让鳞茎留在原盆中度夏。

秋季

- 分株繁殖：结合翻盆进行。将萌生的小鳞茎掰下分别栽植。

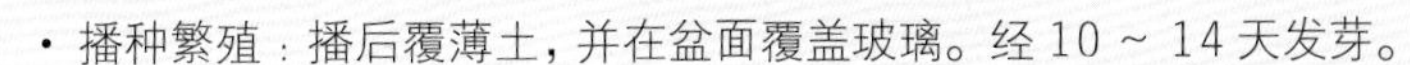

- 播种繁殖：播后覆薄土，并在盆面覆盖玻璃。经 10 ~ 14 天发芽。
- 天气转凉，新芽从鳞茎中长出后，恢复正常养护。
- 喜阳，应给予充足的光照，使叶片低矮粗壮、盘旋扭曲。过阴易徒长，叶片长而细弱、卷曲度差。
- 喜干燥，耐干旱。应保持土壤湿润而不积水，并防止雨淋，盆土过湿会导致鳞茎腐烂。
- 适当控水和保持通风良好，利于叶片的卷曲，水分多时卷曲的叶子会变直，但控水不宜过度。浇水要避免生长点沾水，否则易烂球。经常向植株喷水，以增加空气湿度，否则叶子顶端易干枯。
- 每月追施 1 次稀薄液肥或复合肥。
- 于 8 月底翻盆 1 次，基质可用泥炭土 3 份、砂土 2 份配制，并拌入少量的骨粉或颗粒肥料。栽种时，应将鳞茎露出土面 1/3 左右。

冬季

- 给予充足的光照，温度保持 10 ~ 20℃时植株可继续生长。不耐寒，安全越冬温度为 5℃。
- 温度较高而继续生长时，需适当浇水；温度低时则需保持盆土干燥。

马齿苋树

学　名　*Portulacaria afra*

科属名　马齿苋科马齿苋树属

别　名　马齿苋，银杏木，金枝玉叶

马齿苋树

斑叶马齿苋树

雅乐之华

形态特征　常绿亚灌木或小乔木。多分枝，节间明显。叶倒卵形，全缘，亮绿色。5～7月开花，花小，淡粉红。斑锦变异品种有斑叶马齿苋树（var. *foliis-variegatia*，又称雅乐之舞，叶缘有较宽的黄白色斑纹及红晕，仅中央一小部分为绿色，但随着叶片长大红晕逐渐变窄）和雅乐之华（var. *medio-variegatia*，叶绿色中带黄色斑块。）

欣　　赏　茎干肥厚膨大，叶片小巧有趣，很像马齿苋的叶片，并极富苍劲古朴之风韵。除盆栽观赏外，也是制作树桩盆景的良好植物，节日可在树上点缀假花，烘托吉祥的气氛。

习性分类　中间型。

常见问题	原　　因
大量落叶	①夏季闷热潮湿引起根系腐烂、落叶；②冬季温度过低
分枝呈水平状，枝叶松散、茎节细长、叶大而薄，嫩枝由紫红色变成绿色	光照过弱

春季

- 扦插繁殖：选取健壮枝条扦插。经 15 ~ 20 天生根。
- 嫁接繁殖：取斑叶马齿苋树当年生嫩梢作接穗，选择苍老古雅的马齿苋树作砧木。行劈接法，经 10 ~ 15 天成活。
- 喜阳，光线充足，株形紧凑、叶片光亮、叶小而肥厚、叶色翠绿。较阴时枝叶茂盛，但易徒长。
- 盆土干透后才能浇水。不耐涝，盆土过湿易导致烂根。
- 不喜大肥，每 15 ~ 20 天追施 1 次薄肥。叶面有斑纹的种类应增施磷钾肥。
- 生长较快，分枝较多，随时进行修剪与整形，保持株形优美。
- 每年翻盆 1 次。要求排水良好的砂质壤土，基质可用腐叶土、泥炭土、粗砂或砻糠灰等材料配制。

夏季

- 不耐酷暑，温度超过 32℃时植株半休眠。应加强通风，多向环境喷水，以降低温度。避免闷热潮湿导致根系腐烂和落叶。
- 即使是炎热的夏天，也需接受直射阳光，每天最好接受 4 小时以上的直射光。但斑叶种喜略阴的环境，需适当遮阴。
- 控制浇水，高温高湿极易引起烂根。停止施肥。

秋季

- 天气转凉，也是适宜生长期，可扦插繁殖。
- 给予充足光照，充足供给水分，保持盆土湿润而不过湿。
- 增施磷钾肥，以利安全越冬。

冬季

- 不耐低温，越冬温度维持 10℃以上，5℃左右的低温会引起落叶。斑锦品种的抗寒力更差。
- 给予充足光照，节制浇水，保持盆土较干燥的状态，并停止施肥。

金钱木

学　名	*Portulaca molokiniensis*
科属名	马齿苋科马齿苋属
别　名	莫洛基马齿苋，莫岛马齿苋

形态特征　多年生灌木。茎直立，圆柱形，分枝多。叶片圆形，互生，无叶柄，紧密排列在茎上，绿色。

欣　　赏　植株粗壮丰满，紧密整齐排列在圆柱形茎干上的叶片犹如一枚枚用线串着的钱币，奇特又有趣，令人喜爱，可置居室的窗台、案头或书桌上观赏。

习性分类　夏型种。

常见问题	原　　因
叶片变黄脱落	①烈日曝晒或过阴；②盆土过于干燥
茎皮上出现龟裂	植株已老化，应淘汰更新

季

- 扦插繁殖：剪取长 8 ~ 10 厘米的枝梢，晾干剪口后插入介质。插后保持半阴和湿润环境，经 3 ~ 4 周可生根。
- 喜阳，耐半阴，应给予充足阳光。不宜过阴，否则基部的叶片变黄，且易遭病虫危害。
- 喜干燥，耐干旱，忌积水。浇水应掌握“不干不浇，浇则浇透”，盆土过湿会导致徒长，甚至根系腐烂。也不宜过干，否则易引起叶片变黄脱落。
- 生长适温为 21 ~ 24℃，春季为生长适期。对肥料要求不多，每月追施 1 次稀薄液肥。施肥过多会引起植株徒长。
- 幼株需摘心，可使株形丰满。
- 结合翻盆短截过长的茎干，保持适宜的高度和形态优美。
- 每年翻盆 1 次，喜肥沃疏松和排水良好的砂质土壤，基质可用腐叶土、园土和粗砂混合配制。栽植可选用口径 12 ~ 15 厘米的花盆，每盆种 1 ~ 3 株。茎皮出现龟裂时表明植株已老化，应考虑淘汰更新。

- 忌烈日直射，应遮阴，避免烈日曝晒，并加强通风，以免叶片变黄脱落。
- 浇水应掌握“不干不浇，浇则浇透”。高温干燥时经常向植株喷水，以增加空气湿度。停止施肥。

季

- 给予充足阳光。浇水掌握“不干不浇，浇则浇透”。
- 也是生长适期，每月追施 1 次稀薄液肥。应增施磷钾肥，以利安全越冬。

季

- 不耐低温，越冬温度维持 10℃以上。
- 给予充足阳光，控制浇水，保持盆土稍呈湿润的状态。同时停止施肥。

回欢草

回欢草

学　名 *Redleaf anacampseros*

科属名 马齿苋科回欢草属

别　名 吹雪松，吹雪之松，春梦殿

春梦殿锦

形态特征　多年生植物。茎匍匐状。叶片倒卵圆形，肉质，叶尖外弯，叶腋间具蜘蛛网状白丝毛。夏季开花，花淡粉红色。有斑锦变异品种春梦殿锦（'Variegatia'），又称吹雪之松锦，叶片上绿色、黄色、红色相间。

欣　　赏　植株匍匐，肥厚的叶片晶莹剔透，犹如碧玉雕琢而成；叶腋处生出的蜘蛛网状的白丝毛更是怪异有趣，令人称奇，因而有一个好听的英文名"爱草"，可装饰阳台、窗台和室内的几桌。

习性分类　夏型种。

常见问题	原　因
植株徒长，甚至根系腐烂	盆土长期过湿和积水
植株徒长，茎节伸长，枝叶柔弱	①施肥过多；②过阴

春季

- 播种繁殖：发芽适温为 20 ~ 25℃，播后 15 ~ 21 天发芽。
- 扦插繁殖：选择健壮、长 3 ~ 4 厘米的茎梢作插穗，稍晾干后扦插。插后保持介质稍湿润，经 20 ~ 27 天生根。
- 喜阳，耐半阴。应给予充足阳光，不宜过于荫蔽。
- 喜干燥，耐干旱，忌积水。浇水应掌握“不干不浇，浇则浇透”，防止雨淋。盆土过湿植株易徒长，甚至根系腐烂。
- 生长适温为 18 ~ 25℃，春季为生长旺期，每月追施 1 次稀薄液肥。氮肥不宜多，以免植株徒长、茎节伸长，枝叶柔弱，甚至植株腐烂。斑锦品种应增施磷钾肥，使色彩鲜艳。
- 每年翻盆 1 次，喜肥沃疏松和排水良好的砂质土壤，基质可用腐叶土和粗砂混合配制。为浅根性植物，栽植可选用口径 12 ~ 15 厘米的花盆，每盆种 1 ~ 3 株。

夏季

- 忌烈日直射，应遮阴，避免烈日曝晒，并加强通风。
- 喜凉爽，高温时保持盆土干燥。天气干燥时多向环境喷水，但不宜向叶片淋水。同时停止施肥。
- 摘除枯叶，短截过长的茎干，使枝叶分布均匀，保持形态优美。

秋季

- 也为生长旺期，应给予充足阳光。
- 浇水应“不干不浇，浇则浇透”，每月施 1 次稀薄液肥。

冬季

- 不耐寒，越冬温度维持 7℃以上。
- 给予充足阳光，控制浇水，停止施肥。

非洲霸王树

非洲霸王树

学　名	*Pachypodium lamerei*
科属名	夹竹桃科棒槌树属
别　名	马达加斯加棕榈，粗根

非洲霸王树缀化

形态特征　乔木状植物。茎干通常不分枝，密生3枚1簇的硬刺。叶簇生茎端，线形至披针形，深绿色。夏季开花，花乳白色，喉部黄色。有缀化品种非洲霸王树缀化（*P. lamerei* f. *cristata*），茎扁化呈鸡冠状。

欣　　赏　圆柱形茎干十分粗壮，且密生硬刺，似古代兵器——狼牙棒；线形叶片如英武将军所戴盔帽上的翎子，整个植株好像一位傲视群雄、霸气十足的王者，外观十分奇特。因茎干有刺，且汁液有毒，应置儿童触及不到之处。

习性分类　夏型种。

常见问题	原　　因
烂根	盆土过湿或积水
幼株茎干变软萎缩	盆土过于干燥

- 播种繁殖：播前浸种 12 小时，播后盆上覆薄膜。在 19 ~ 20℃适温条件下，约 7 天发芽。
- 喜阳，给予充足光照。半阴条件下也能生长，但长势不及光照充足者。
- 耐干旱，忌水湿。浇水应掌握“干湿相间而偏干”，盆土干后才浇水，过湿或积水易烂根。也不宜过干，否则会引起落叶。幼株过干时茎干容易变软甚至萎缩，且一旦发生，就很难恢复。
- 生长适温为 20 ~ 25℃，春季为生长旺期。每 15 ~ 20 天施 1 次稀薄肥料，以促进生长。
- 植株高时，要设立支柱防止倾倒，也可结合翻盆进行修剪，压低株高。
- 每 1 ~ 2 年翻盆 1 次，喜肥沃疏松和排水良好的砂质土壤，基质可用泥炭土 1 份、腐叶土 1 份、粗砂 1 份等材料配制，并拌入适量的石灰质材料和腐熟的牛粪。

- 扦插繁殖：初夏剪取健壮茎干作插穗，待剪口干燥后插入苗床。插后介质不宜过湿，经 4 ~ 5 周可生根成活。
- 耐高温，但在 35℃以上时叶片枯黄脱落。
- 给予充足光照，即使光照强烈也不需遮阴。
- 高温而叶片脱落时减少浇水，保持盆土干燥。
- 初夏追施 1 ~ 2 次磷钾肥，以促进开花。以后停止施肥。

- 也为生长旺期，可进行翻盆。
- 给予充足光照。浇水应“干湿相间而偏干”。入秋后追施磷钾肥，提高植株越冬能力。

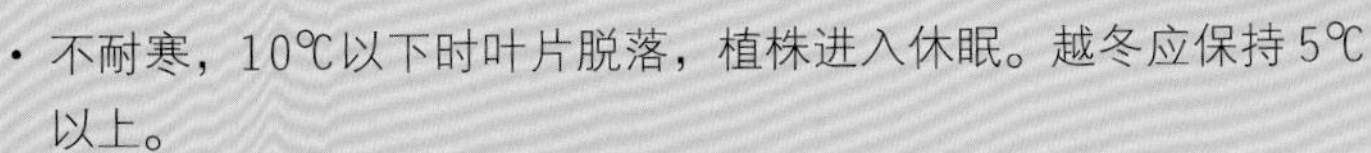

- 不耐寒，10℃以下时叶片脱落，植株进入休眠。越冬应保持 5℃以上。
- 给予充足光照。减少浇水，停止施肥。

欢乐豆

学　名 *Peperomia ferreyrae*

科属名 胡椒科豆瓣绿属

别　名 叶椒草，幸福豆

形态特征　多年生常绿草本。叶片长刀形，对生或轮生，具短柄，两边微微上翻，使叶中间形成浅沟，背面龙骨状。春末夏初开花，花绿色。

欣　　赏　株形小巧玲珑，叶形奇特秀雅，整个植株犹如一群四季豆精灵在欢快跳跃着，令人爱不释手。对光照要求不高，十分适宜室内栽养，可作小型盆栽点缀几案、书桌、窗台等处。

习性分类　中间型。

常见问题	原　　因
植株徒长，节间细长，株形松散	光照不足
根部腐烂	浇水过湿

季

- 扦插繁殖：剪取健壮枝梢，切口晾干后扦插。插后介质不宜过湿，以免烂穗，经 15 ~ 20 天可生根。也可叶插，剪取带柄的叶片，直立或斜插于沙床，以后保持 20 ~ 25℃的温度和稍湿润的环境，经 15 ~ 20 天可生根发芽。
- 分株繁殖：将母株掰分成数株，分别盆栽。
- 喜阳，耐半阴。给予充足阳光，阳光充足时株形矮壮，叶片间排列紧凑。光照不足容易徒长，节间细长，株形松散，茎节脆弱。
- 喜干燥，耐干旱，忌水湿。浇水应掌握“干湿相间，宁干勿湿”，土壤过湿根部易腐烂。
- 生长适温为 18 ~ 28℃，春季为生长旺期。每月施 1 次稀薄液肥或复合肥。
- 每 2 年翻盆 1 次，喜腐殖质丰富、具良好排水性的砂质土壤，基质可用腐叶土或草炭土 2 份、蛭石或珍珠岩 1 份混合配制。

季

- 喜凉爽，温度超过 35℃时生长停滞进入休眠。应加强通风，尽量营造凉爽环境，闷热潮湿对生长不利。
- 遮阴，避免烈日灼伤植株。
- 节制浇水，防止淋雨，以免闷湿引起烂根。亦不宜过干，否则叶片干燥脱落。经常喷洒叶面水，利于植株生长，使叶色光亮。同时停止施肥。

季

- 也为生长旺期，可扦插繁殖。
- 给予充足阳光。浇水应“干湿相间，宁干勿湿”。每月施 1 次复合肥。

季

- 不耐寒，越冬温度维持 5℃以上。节制浇水时能忍耐 0℃以上的低温。
- 给予充足阳光，节制浇水，停止施肥。

爱元果

学　名　*Dischidia pectinoides*

科属名　萝藦科眼树莲属

别　名　篦齿眼树莲，囊元果，青蛙藤

形态特征　叶对生，倒披针形至椭圆形，先端具芒尖，肥厚，淡绿至黄绿色；变态叶荷包状，翠绿色，中空，生有气生根。夏秋季开花，花小，红色。

欣　　赏　茎叶青翠可赏，夏秋时红色小花绽放于翠绿色叶丛中，倍觉清新可人；那大如青蛙鼓起肚皮的变态叶更是奇特有趣，惹人喜爱。宜置窗台、几桌等处观赏，也可作室内悬挂装饰。

习性分类　夏型种。

常见问题	原　　因
茎蔓枯萎并落叶	①浇水过湿导致植株烂根；②土壤黏重，排水不佳

- 扦插繁殖：剪取充实、具 2 ~ 3 节的茎段制成插穗，插后保持湿润，很容易生根。也可将变态叶带 1 ~ 2 节枝条剪下，并把变态叶剪开，露出内部气生根，再把培养土填入变态叶中，最后埋入土中，亦能长出新株。
- 压条繁殖：利用茎节上的气生根进行压条。
- 喜半阴和充足散射光，应给予充足光照或置散射光充足处。
- 喜干燥，耐干旱，不耐水湿。浇水不宜多，要待盆土干燥后再行浇水，以免盆土过湿导致基部腐烂、茎蔓枯萎和落叶。
- 对肥料要求不严，每月施肥 1 次，使植株健壮。
- 每 1 ~ 2 年翻盆 1 次。忌土壤黏重，排水不佳时根部易烂。吊盆宜用口径 15 厘米的盆，每盆栽苗 3 ~ 4 株。

- 忌强烈阳光直射，应遮阴或置散射光充足处，避免烈日灼伤植株。
- 根据“不干不浇，浇则浇透”的要求浇水，保持盆土湿润。同时每月施 1 次薄肥。
- 植株长高后，应设立支架让茎蔓攀爬。

- 给予充足光照或置散射光充足处。
- 根据“不干不浇”的要求浇水。秋季停施氮肥，增施磷钾肥，以提高抗寒力。

- 不耐寒，低于 15℃进入休眠，冬季应维持 10℃以上的温度。
- 给予充足光照。减少浇水，保持盆土干燥。停止施肥。